职业教育新形态教材

湖州·茶

李月丽 编著

东华大学出版社

·上海·

内容简介

本书将茶艺知识分为茶艺基础篇、技艺篇、拓展篇、湖州篇四个项目，四个项目的内容呈现出层层递进的关系。在编写中以学习者的实际需要为出发点，基于启发学习者的学习兴趣，在编写内容选择上坚持"用什么，编什么"的原则，茶艺基础拓展知识言简意赅，使读者了解有关茶文化的基础知识，在冲泡技艺篇中力求操作环节条理清晰，操作规范，拓展篇让学习者通过探究的方法进行创造性的学习，湖州篇则带领读者更多地了解陆羽撰写《茶经》之地——湖州的地方茶文化知识，希望本书能够引导学习者领略茶艺之美。

图书在版编目（ＣＩＰ）数据

湖州·茶 / 李月丽编著. — 上海：东华大学出版社，
2021.6
　ISBN 978-7-5669-1916-8

　Ⅰ. ①湖… 　Ⅱ. ①李… 　Ⅲ. ①茶文化—湖州
Ⅳ. ①TS971.21

中国版本图书馆CIP数据核字（2021）第130493号

湖州·茶
HUZHOU·CHA

李月丽　编著

出　　　版：东华大学出版社（上海市延安西路1882号，200051）
网　　　址：http://dhupress.dhu.edu.cn
天猫旗舰店：http://dhdx.tmall.com
营销中心：021-62193056　62373056　62379558
印　　　刷：上海颛辉印刷厂有限公司
开　　　本：889 mm×1194 mm　1/16　印张：6
字　　　数：210千字
版　　　次：2021年6月第1版
印　　　次：2021年6月第1次印刷
书　　　号：ISBN 978-7-5669-1916-8
定　　　价：48.00元

目 录

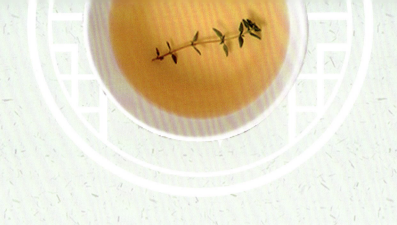

项目 **1**

茶艺基础篇

学习任务:

了解茶文化传播特点;

掌握中国茶文化的发展历程;

总结不同时期的饮茶文化特征;

了解泡茶用水、泡茶用具的基础知识。

情景导入:

旅游服务与管理专业的中职学生小茗在工学交替中轮岗到酒店茶吧服务。安静又有格调的工作环境非常符合她的工作期望。小茗希望能成为一名合格的茶艺行业从业人员。目前的她对茶一知半解,她将和大家一起从茶艺基础知识开始学习。

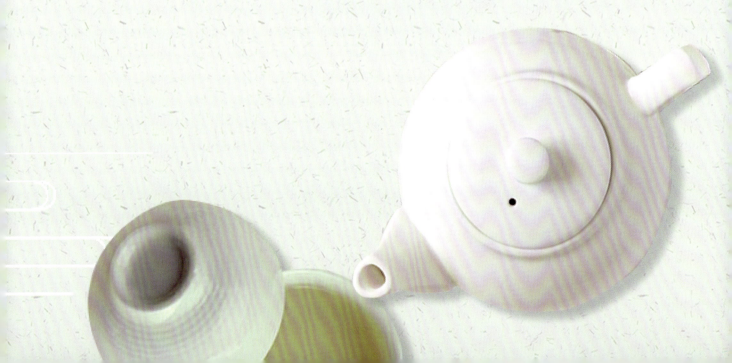

任务一 初识茶

> 茶是世界三大软饮料之一，中国茶文化反映出中华民族悠久的文明和礼仪。本章主要介绍茶的植物学知识、茶文化的概念、茶文化的发展历程以及不同发展时期的饮茶风俗。要求学习者了解茶文化的核心内涵，掌握中国茶文化的发展历程，理解不同时期的饮茶习俗特征。

一、茶与茶的植物学知识

茶是一种起源于中国的由茶树植物叶或芽制作的饮品。

茶树，属山茶科山茶属，为多年生常绿木本植物。原产于我国西南地区。

（一）茶树树型的基本分类

（1）乔木型。主干高大，树高多为3~10米，最高可达20米，树龄长达上千年。

（2）小乔木型。高度一般在2~3米，最高可达6米。

（3）灌木型。无明显主干，高度在1米左右。

茶树树型的基本分类详见表1-1-1。

表 1-1-1　茶树树型的基本分类

项目	乔木型	小乔木型	灌木型
树高	多为 3~10 米	多为 2~3 米	1 米左右
树体	主干高大，分支明显	主干明显	主干和分支不明显
主要分布	云南、海南、广西	广东、福建、广西	长江南北

（二）茶树叶片的大小分类

茶树的叶子呈椭圆形，边缘有锯齿。茶树叶片的基本特点见图1-1。

（1）特大叶类：叶长在14厘米以上，叶宽5厘米以上。

（2）大叶类：叶长10~14厘米，叶宽4~5厘米。

（3）中叶类：叶长7~10厘米，叶宽3~4厘米

（4）小叶类：叶长7厘米以下，叶宽3厘米以下。

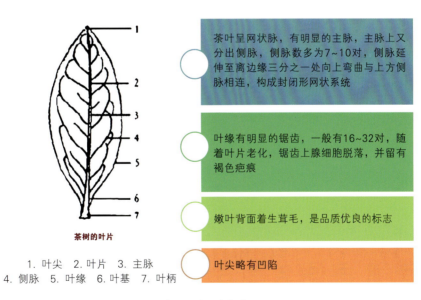

茶树的叶片

1. 叶尖　2. 叶片　3. 主脉
4. 侧脉　5. 叶缘　6. 叶基　7. 叶柄

茶叶呈网状脉，有明显的主脉，主脉上又分出侧脉，侧脉数多为7~10对，侧脉延伸至离边缘三分之一处向上弯曲与上方侧脉相连，构成封闭形网状系统

叶缘有明显的锯齿，一般有16~32对，随着叶片老化，锯齿上腺细胞脱落，并留有褐色疤痕

嫩叶背面着生茸毛，是品质优良的标志

叶尖略有凹陷

图1-1-1 茶树叶片的基本特点

二、中国四大产茶区

1. 江北茶区

涵盖范围：长江中下游北岸，西起大巴山，东至山东半岛，包括山东、陕西南部、甘肃南部、河南等地。

主产茶类：绿茶。

2. 江南茶区

涵盖范围：长江以南，包括浙江、湖南、江西、鄂南、皖南、苏南等地。

主产茶类：绿茶、乌龙茶、花茶、名特茶。

3. 西南茶区

涵盖范围：黔、渝、川、滇中北和藏东南。

主产茶类：普洱茶、红茶、六堡茶、大叶青、乌龙茶等。

4. 华南茶区

涵盖范围：闽中南、台湾、粤中南、海南、桂南、滇南

主产茶类：乌龙茶、红茶、绿茶、白茶、黑茶、花茶等。

 知识链接：
ZHISHI LIANJIE

茶树生长习性

茶树性喜温暖、湿润。

土壤：偏酸性土壤。

雨量：雨量充沛，且年雨量在1500毫米以上。

阳光：光照是茶树生存的首要条件，不能太强也不能太弱，茶树对紫外线有特殊嗜好，因而高山出好茶。

温度：一是气温，二是地温，气温日平均需摄氏10度，最低不能低于摄氏－10度。年平均温度在摄氏18~25度。

三、中国清代以前的重要茶事进程录

1. 原始社会

传说茶叶被人类发现是在神农时代，《神农本草经》有"神农尝百草，日遇七十二毒，得茶而解之"之说，当为茶叶药用之始。

2. 西周

据《华阳国志》载，约公元前一千年周武王伐纣时，巴蜀一带已用所产的茶叶作为"纳贡"珍品，这是茶作为贡品的最早记述。

3. 东周

茶叶已作为菜肴汤料，供人食用。（据《晏子春秋》）

4. 西汉

公元前59年，已有"烹茶尽具""武阳买茶"的记载，这表明四川一带已有茶叶作为商品出现，这是茶叶进行商贸的最早记载。（《僮约》）

5. 东汉

东汉末年、三国时代的医学家华佗在《食论》中提出了"苦茶久食，益意思"，这是茶叶药理功效的第一次记述。

6. 三国

史书《三国志》述吴国君主孙皓（孙权的后代）有"密赐茶荈以代酒"，这是"以茶代酒"最早的记载。

7. 隋

茶的饮用逐渐开始普及，隋文帝患病，遇俗人告以烹茗草服之，果然见效。于是，人们竞相采之，并逐渐由药用演变成社交饮料，但主要应用在社会的上层。

8. 唐

唐代是茶作为饮料扩大普及的时期，并从社会的上层走向全民。

唐太宗大历五年（770年）开始在顾渚山（今浙江长兴）建贡茶院，每年清明前兴师动众督制"顾渚紫笋"饼茶，进贡皇朝。

公元8世纪后陆羽《茶经》问世。

唐顺宗永贞元年（805年），日本僧人最澄大师从中国带茶籽、茶树回国，这是茶叶传入日本最早的记载。

唐懿宗咸通十五年（874年）出现专用的茶具。

9. 宋

宋太宗太平兴国元年（976年）开始在建安（今福建建瓯）设宫焙，专造北苑贡茶，从此龙凤团茶有了很大发展。

宋徽宗赵佶在大观元年间（1107年）亲著《大观茶论》一书，以帝王之尊，倡导茶学。

10. 明

明太祖洪武六年（1373年），设茶马司，专门司茶贸易事。

明太祖朱元璋发布诏令，废团茶，兴叶茶。从此，贡茶由团、饼茶改为芽茶（散叶茶），对炒青叶茶的发展起到了积极的推动作用。

1610年，荷兰人自澳门贩茶，并转运入欧。

11. 清

1657年，中国茶叶在法国市场销售。

康熙八年（1669年），印属东印度公司开始直接从万丹运华茶入英。

康熙二十八年（1689年），福建厦门出口茶叶150担，开中国内地茶叶直接销往英国市场之先声。

1896年，福州市成立了机械制茶的公司。

四、饮茶习惯的变迁

鲜叶咀嚼   朝代：原始社会

重大突破：鲜叶咀嚼。古人最早从咀嚼茶树的鲜叶开始利用茶。传说第一个发现茶的解毒功能的人就是神农氏。

煎茶   朝代：唐代

重大突破：煎茶。唐代及唐以前是"饼团茶"，用茶鲜叶压制成茶饼，焙干后收藏备用。食用时，先将茶饼碾成粉末再煮饮。

生煮羹饮   朝代：春秋

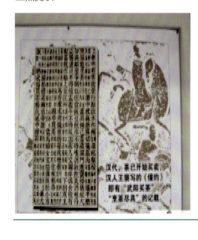

重大突破：生煮羹饮。为了长时间保存茶叶，古人学会了将茶叶晒干，用水煮饮的方法。将茶叶与姜、椒、桂和烹而饮之。

点茶   朝代：宋代

重大突破：点茶。即将茶叶碾碎成粉，放入茶碗，用水冲泡茶粉后饮用，并有了斗茶、品茗、论器、试水的风气。

清饮

朝代：明至今

重大突破：清饮。明朝开始废团茶为散茶，即采用将成品茶叶置于泡茶器皿中，直接将泡茶之水注入后饮用的方法。

知识链接：
ZHISHI LIANJIE

　　唐朝煎茶、煮茶时，先烧开一锅水，一沸时（微有声）放盐调成咸味，二沸时（涌泉连珠）将茶粉从中心搬入锅内稍煮，三沸时（腾波鼓浪）将水注入，停止沸腾，趁热连汤带茶粉末一道喝下去。

五、茶艺溯源

（一）"茶"字的由来

　　茶文化中茶的别称很多，"茶"为正名。茶在我国古代是一物多名，在陆羽《茶经》问世之前，除了"茶"字，茶还有很多雅称，如檟、蔎、茗、荈等。

（二）"茶艺"的定义

广义：研究茶叶的生产、制造、经营、饮用的方法和探讨茶业原理，是达到物质和精神享受的学问。

狭义：研究如何泡好一壶茶的技艺和如何享受一杯茶的艺术。

（三）中国茶艺史的四个时期

茶艺是一种文化艺术，是茶事与文化的完美结合。茶道的形成应具备两个条件：一是茶的广为种植；二是茶的普遍饮用。

第一时期，从神农时代到隋朝是中国茶道的酝酿时期。

第二时期，大约在唐朝，是中国茶道的形成时期。

第三时期，宋朝，是中国茶道发展的鼎盛时期。

第四时期，元、明、清时期是茶文化的延续发展期，形成"茶民俗"。

（四）茶学著作与作者

《茶经》　　　　　　　　　　　　作者：陆羽（唐）

主要内容：《茶经》是世界上现存介绍茶最完整、最全面的专著，被誉为"茶叶百科全书"。它是一部关于茶叶生产的历史、源流、现状及饮茶技艺的综合性茶学著作。

《大观茶论》　　　　　　作者：赵佶（宋）

主要内容：《大观茶论》是宋徽宗赵佶关于茶的专论，全书共20篇，对北宋时期蒸青茶团的产地、采制、品质、点茶、斗茶风尚都有详细记述，是认识宋代茶道的珍贵资料。

《茶疏》　　　　　　作者：许次纾（明）

主要内容：《茶疏》深得茶理，主要记述了茶的采摘、炒制、收藏、品用等事宜，反映了明朝文人阶层的饮茶文化。

知识链接：
ZHISHI LIANJIE

　　陆羽是中国茶道的奠基人之一，他的著作《茶经》是世界上第一部全面论述茶的专著，共3卷，分源、具、造、器、煮、饮、事、出、略、图10节。陆羽将普通茶事升格为一种美妙的文化艺能，并提出了茶道主张：精行俭德。

课后思考：
KEHOU SIKAO

　　1. 拓展作业：老师在讲到茶的历史知识时，大家都对小茗名字中的"茗"七嘴八舌地讨论起来，小茗说："《红楼梦》中贾宝玉的贴身侍从就叫茗烟，可见茶文化对中国文学的影响力之大。"
　　任务要求：茶的别称有很多，利用网络资源收集信息，整理其中的故事背景，以小组为单位，用PPT形式进行展示。
　　2. 茶字由哪几个部分组成，有何寓意？

六大茶类视频

任务二 茶的分类

> 小茗在第一次上课前就有一大堆问题想向老师提问，她最想问的就是"各种各样的茶怎么来分类呢？铁观音是绿茶吗？"

一、中国茶叶类别的划分

（一）按制作方法和品质差异分

绿茶、红茶、乌龙茶（青茶）、白茶、黄茶、黑茶

（二）按茶叶加工阶段分

毛茶、成品茶

（三）按加工程度分

基本茶、再加工茶（花茶、紧压茶、萃取茶、果味茶）

二、制茶的基本工艺

1. 杀青

杀青是用高温把茶青炒熟或煮熟、蒸熟，以便停止茶青继续发酵的一种制茶步骤，便于揉捻和挥发青味，促成香味形成（图1-2-1）。

2. 萎凋

萎凋就是通过一定方法使茶青消失一部分水分，分为室内萎凋和室外萎凋（图1-2-2）。

图1-2-1 杀青

图1-2-2 萎凋

3. 发酵

茶青和空气接触产生氧化作用，在酶的作用下，茶中酚类物质发生化学变化，使绿色茶叶产生红变图1-2-3。

4. 揉捻

把叶细胞壁揉破，使茶叶所含的成分在冲泡时容易融入茶汤中，同时揉出所需的茶形（图1-2-4）。

图1-2-3 发酵

图1-2-4 揉捻

5. 干燥

干燥的目的：一是利用高温破坏酶，制止酶促氧化；二是蒸发水分，紧缩茶条，使毛茶充分干燥，防止非酶促氧化，利于保持品质；三是散发青臭气，进一步提高香气，并将茶叶的形状固定，以利于保存（图1-2-5）。

图1-2-5 干燥

6. 做青

做青是乌龙茶制作的重要工艺，会促进萎凋后的茶叶进行氧化作用。

6. 焙火

茶叶用火烘焙使成茶有火香，改善了茶汤的颜色和口感。

知识链接：

ZHISHI LIANJIE

发酵程度对茶性的影响

· 颜色的改变：发酵后叶片会往红色变，发酵程度愈高颜色愈红。
· 香气的改变：茶叶轻微发酵呈花香型，中度发酵是坚果香型，全发酵呈糖香型。
· 滋味的改变：发酵程度愈低，茶的风味愈接近自然植物，发酵程度愈深，离自然植物的风味愈远。

三、六类基本茶

我国茶叶根据制作方法不同和品质差异，分为绿茶、红茶、青茶、白茶、黄茶、黑茶六类基本茶，其制作方法和发酵程度详见表1-2-1。

表1-2-1　六类基本茶的制作方法和发酵程度一览表

种类	制作方法	发酵程度	代表性名茶	茶性
绿茶	杀青—揉捻—干燥	不发酵	西湖龙井	性寒
白茶	萎凋—干燥	微发酵	政和白茶	性寒
黄茶	杀青—揉捻—闷黄—干燥	轻发酵	君山银针	性凉
青茶	晒青—凉青—做青—炒青—揉捻—干燥	中度发酵	铁观音	性平
红茶	萎凋—揉捻—发酵—干燥	全发酵	祁门红茶	性温
黑茶	杀青—揉捻—干燥—渥堆—干燥	后发酵	普洱熟茶	性温

知识链接：

ZHISHI LIANJIE

中国十大名茶

西湖龙井、洞庭碧螺春、黄山毛峰、庐山云雾、六安瓜片、信阳毛尖、君山银针、安溪铁观音、祁门红茶、武夷岩茶。

——1959年中国十大名茶评比

四、再加工茶

再加工茶是指以基本茶为原料经过进一步的加工，在加工过程中某些品质发生根本性变化的茶叶。

再加工茶类

1. 花茶
特点：茶叶加花窨制而成或鲜花干燥制成。

种类：窨制花茶、工艺造型花茶、花草茶。

代表性花茶：茉莉花茶、帝王菊。

2. 紧压茶
以红茶、绿茶、青茶等为原料，经加工蒸压成型的茶。

种类：沱茶、普洱饼茶、米砖等。

代表性紧压茶：六堡茶、七子饼茶。

3. 萃取茶
以成品茶或半成品茶为原料、萃取茶叶中可溶物制成的固态或液态茶品。

4. 药用保健茶
指将茶叶和某些中草药拼合调配后制成的各种保健饮品。

课后思考：
KEHOU SIKAO

1.茶叶按发酵程度共划分为哪几类？

2.选择有代表性的茶叶商店进行考察，熟悉各种茶叶种类及各类茶的品质特征。

任务三 茶之水

> 茶艺课上，老师为同学们冲泡来自湖州安吉的白茶，水开了，老师却并不急着泡茶，小茗很好奇，问道："老师，为什么水烧开了还不泡茶？"

水为茶之母：一分之茶遇十分之水则茶亦十分，十分之茶遇一分之水，则茶为一分之茶矣。唐代陆羽《茶经》中就提到了，"其水，用山水上，河水中，井水下"。

一、水之美标准

（一）水质要清

用水应当质地洁净，无污染，水质透明无色、无杂质，方能现出茶之本色。

（二）水体要轻

古人所说水之"轻、重"类似今人所说的"软水、硬水"。（钙、镁离子的含量高低是导致水质软硬的重要因素）

（三）水味要甘

"甘"是指水含于口中有甜美感，无咸苦感。宋徽宗《大观茶论》谓："水以清、轻、甘、洁为美，轻甘乃水之自然，独为难得。"

（四）水温要冽

"冽"是指水含于口中有清冷感。对于古人来说，清冽之水多为流动的山泉等活水，对现代人除却这层含义，是更为储存得当的一种表示。

（五）水源要活

要求水"有源有流"，而不是静止水。对于现代人来说，水"活"体现在水质的新鲜度，储存水的方法需得当。

二、适合泡茶的水

泉水　泉水一般比较洁净清爽，悬浮物少，透明度高，非常适合泡茶。

自来水　达到我国卫生部制定的饮用水卫生标准的自来水都适合泡茶，但自来水中用于消毒的氯化物影响茶味，建议将自来水静置几小时，待氯气挥发后泡茶。

纯净水和矿泉水　纯净水与矿泉水净度好，透明度高，沏出的茶汤香气纯正，鲜醇爽口。

大多数爱好喝茶的人来都知道用泉水泡茶好，但日常取用泉水的操作性不强。因此，矿泉水、纯净水以及家里的自来水就成了现代人泡茶的主要用水。

三、不宜泡茶的水

井水　井水大多为浅层地下水，易发生污染且水中含盐量与硬度大。

江水、河水　江水河水中泥沙含量高，水质浑浊，经较为复杂的净化处理后才可饮用。

雪水和雨水　古人非常推崇用雪水和雨水泡茶，誉之为"天泉"。但现代环境发生了变化，不提倡用雪水、雨水泡茶。

课堂小资料

中国五大名泉：

镇江中冷泉、无锡惠山惠泉、苏州观音泉、杭州虎跑泉、济南趵突泉。

四、泡茶四要素

泡茶时，茶叶放置量、浸泡时间、水温及冲泡的次数是决定茶汤浓度的四大要素。

（一）投茶量

根据不同的茶叶，投茶量有所不同。

采用优等级茶叶时，投茶量稍减，反之增加。

投茶量多，浸泡时间相应缩短，冲泡泡数增加。泡茶时，投茶量最好适当，宁愿少，也不要太多。

（二）水温

低温（摄氏80~90度）：用以冲泡龙井、碧螺春等带嫩芽的绿茶与黄茶。

中温（摄氏90~95度）：用以冲泡白毫乌龙等嫩采的乌龙茶、瓜片等采开面叶的绿茶，以及虽带嫩芽，但重萎凋的白茶（如白毫银针）与红茶。

高温（摄氏95度以上）：用以冲泡采开面叶为主的乌龙茶，如包种、冻顶、铁观音、水仙、武夷岩茶等，以及后发酵的普洱茶。

（三）浸泡时间

总的来说，茶量放得多则浸泡时间要短，茶量放得少则浸泡时间要长。水温高则浸泡时间宜短，水温低则浸泡时间要加长。

（1）揉捻成卷曲状的茶，第二道、第三道方完全舒展开来，所以其浸泡时间需要缩短。

（2）揉捻轻、发酵少的茶，其可溶物释出的速度很快，所以二三道后茶的可溶物浓度降低了，必须增加浸泡时间。

（3）重萎凋、轻发酵的白茶，如白毫银针、白牡丹，其可溶物释出缓慢，浸泡时间应延长。

（4）重焙火茶，可溶物释出的速度较同类型茶之轻焙火者为快，故前面数道的浸泡时间宜短，往后愈多道需要浸泡愈多的时间。

（5）普洱茶、沱茶等紧压茶，视剥碎程度与压紧程度调整浸泡时间。细碎多者参考（4）；紧结程度低者参考（1）；紧结程度高者慢慢泡，慢慢舒展，时间宜长，并依舒展速度调整。

（四）冲泡次数

名优绿茶冲泡2~3次，乌龙茶冲泡5~6次，普洱茶冲泡10次以上，袋泡茶冲泡1次。要泡好一壶茶，既要讲究实用性、科学性，又要讲究艺术性。

课后思考：

KEHOU SIKAO

1. 什么叫软水？用什么样的水泡茶最好？

2. 用自来水泡茶之前，宜用什么方法进行处理？

（图中右下角二维码旁文字）
茶之器视频

任务四 茶之器

"

小茗在观看了老师每节课前给同学们泡茶时准备好的茶具后发现，泡茶不是简单意义上的喝水，有时老师喝茶用玻璃杯，有时老师会将茶水分在小杯子中让大家品尝，小茗和同学们一样对喝茶的用具产生了极大的兴趣。

"

器为茶之父：陆羽在《茶经》中列出了28种茶具。在各个历史时期，人们的饮茶习俗不同，饮茶器具也发生了相应变化。茶具的选择不仅影响到茶性的有效激发，也是茶文化审美的重要组成部分。

一、茶具的起源和发展

茶具本来仅仅是盛茶水的器皿，但一旦饮茶进入人们的精神领域，茶具便渗透了人们的审美观。茶具在品茗的过程中，一方面作为实用器皿出现，一方面又游离了实用功能，成为独立存在的一个审美对象。

茶具的演变：唐以前为木制或陶制的碗；唐代陶、瓷茶具都有；宋代多采用盏或盏；元代青花瓷声名鹊起；明代宜兴紫砂陶与瓷器同时发展；清代盖碗受钟爱。

唐代	饮茶用器逐渐从酒器和食器中分离出来，唐代的茶具主要是瓷壶和瓷茶盏。
宋代	宋代，杭州官窑、浙江龙泉哥窑、河南临汝汝窑、河北曲阳定窑及河南禹县钧窑为五大名窑。宋代茶具中最显赫的是黑瓷，由福建建安窑和江西吉州窑出产。
元代	江西景德镇的青花瓷异军突起。
明代	由于冲泡散茶普遍流行，白瓷盛行。到了明代中后期，采用紫砂壶冲泡茶叶成为一时风尚。茶盏以小为佳，尤喜白釉小盏，它直口尖底，呈鸡心形，俗称"鸡心杯"。
清代	从唐代开始的茶盏、配上了盏盖，成为了我们今天常用的一盏一碟一盖式的三合一茶盏——盖碗。

二、茶具的分类

我国茶具种类繁多，质地迥异。在中国饮茶发展史上，作为饮茶用的专门工具，茶具经历了怎样一个发展和变化过程呢？现将主要的茶具种类介绍如下：

（一）按质地分类，茶具可分为七大类

陶土茶具：紫砂茶具、陶质茶具等。

瓷器茶具：白瓷茶具、青花茶具等。

玻璃茶具：玻璃茶杯、玻璃茶壶等。

金属茶具：金、银、铜、铁、不锈钢茶具。

漆器茶具：漆器茶杯、漆器茶托等。

竹木茶具：竹木茶杯、竹木茶托等。

石器茶具：玉石茶具、玛瑙茶具等。

（二）常用茶具

1. 陶土茶具

陶土器具是新石器时代的重要发明，最初是粗糙的土陶，然后逐渐演变成比较坚实的硬陶和彩釉陶。紫砂茶具创始于宋，明代以后大为流行，宜兴紫砂茶具是其中的姣姣者（图1-4-1）。

知识链接：
ZHISHI LIANJIE

紫砂茶具特征为里外不施釉。优点：色调淳朴，透气性强，保温性能好，且能蓄留香，常用于泡乌龙茶。紫砂茶具泡茶三大特点："泡茶不走味，贮茶不变色，盛暑不易馊。"

图1-4-1 陶土茶具

2. 瓷器茶具

瓷器的发明和使用稍迟于陶器茶具，主要分为白瓷、青瓷、黑瓷、彩瓷（图1-4-2）。

（1）青瓷茶具：龙泉哥窑在宋代作为当时的五大名窑之一，生产的青瓷已达到鼎盛时期。青瓷茶具特点为质地细腻、釉色青莹，适合冲泡绿茶。

（2）白瓷茶具：

· 唐代：白瓷就有"假玉器"之称。

· 北宋：江西景德镇白瓷质地光润，白里泛青，雅致悦目，技压群雄。

· 明、清两代：白如玉，薄如纸，明如镜，声如磬。

（3）青花瓷茶具：景德镇青花瓷在元代成批生产，清代康熙年间烧制的青花瓷器史称"清代之最"。

（4）黑瓷茶具：流行于宋代。在宋代，茶色贵白，所以宜用黑瓷茶具陪衬。黑瓷以建安窑（今在福建省建阳市）所产的最为著名。

（5）彩瓷：造型精巧，胎质细腻，色彩鲜明，雍容华贵。

3. 玻璃茶具

玻璃茶具是茶具中的后起之秀，质地透明，可

图1-4-2 瓷器茶具

塑性大。特点：晶莹剔透，光彩夺目、光洁，导热性好，时代感强，价廉物美（图1-4-3）。

图1-4-3 玻璃茶具

三、茶具的功用

尽管茶文化渗透在中国文化的各个方面，但面对琳琅满目的茶具，怎么使用，很多人并不清楚，那不同茶具的功用有哪些呢？

（一）主泡器

（1）茶壶、盖碗：用于泡茶的器皿。

（2）茶滤：导茶水入公道杯，防止茶叶掉落杯外，同时可以过滤茶渣。茶滤底部常用金属或丝帛。

（3）公道杯：用来盛放泡好的茶汤，再分倒入各杯，使各杯茶汤浓度相同，滋味一致，同时能够沉淀茶渣。

（4）茶盏、茶碗、茶杯：用于饮茶。

（5）茶托：用于放置茶杯，防止茶杯烫手。

（二）辅助茶器

茶道六君子

（1）茶筒：盛放茶艺用品的器皿茶。

（2）茶匙：又称茶扒，因形状像汤匙而得此名，其主要用途是挖取茶壶内泡过的茶叶。茶叶冲泡过后，往往会紧紧塞满茶壶，茶壶的口一般都不大，用手挖既不方便也不卫生，故皆使用茶匙。

（3）茶漏：置茶时放在壶口上，以导茶入壶，防止茶叶掉落壶外。

（4）茶则：也称茶拨、茶勺。茶则为盛茶入壶之用具，一般为竹制。

（5）茶夹：又称茶筷。茶夹功用与茶匙相同，可将茶渣从壶中夹出，也常有人用它夹着茶杯洗杯，防烫又卫生。

（6）茶针（茶通）：茶针的功用是疏通茶壶的内网（蜂巢），以保持水流畅通。当壶嘴被茶叶堵住时也用来疏浚壶嘴，或放入茶叶后把茶叶拨匀，碎茶在底，整茶在上。

辅助茶器见图1-4-4、图1-4-5。

图1-4-4 茶匙

茶筒　　　茶漏　　　　　　　　茶夹　茶针　茶则　茶匙

图1-4-5 辅助茶器

（三）其他配件

其他配件还有茶巾、茶盘、茶船、煮水器、茶罐、茶荷、茶托等。

（1）茶巾：又称为茶布。茶巾的主要功用是擦干茶壶，于酌茶之前将茶壶或茶海底部的杂水擦干，也可擦拭滴落桌面之茶水，但不能用来清理泡茶桌上的污渍或果皮等。

（2）茶盘：用以承放茶杯或其他茶具的盘子，以盛接泡茶过程中流出或倒掉之茶水，也可以用作摆放茶杯的盘子，质地、形状多样。

（3）茶船：用来放置茶壶的容器，又称茶池或壶承。其常用的功能主要是盛热水烫杯和盛接壶中溢出的茶水，兼具保温功能。

（4）煮水器：古代多用风炉，现较常见者为酒精灯及电壶，此外有用瓦斯炉及电子开水机、自动电炉的。

（5）茶罐：储存茶叶的罐子。茶罐必须无杂味，能密封且不透光。其材料常见的有不锈钢、锡合金及陶瓷。

（6）茶荷：茶荷的功用与茶则类似，皆为置茶的用具，但茶荷兼具赏茶功能。主要用途是将茶叶由茶罐移至茶壶。主要有竹木制品，既实用又可当作艺术品。

（7）茶托：用于将功夫茶杯托到客人面前，可防止茶杯烫手，以及其他人的手指污染茶杯。

 **拓展阅读：**

按功能划分：

1. 置茶器

（1）茶则：由茶罐中取茶并置入茶壶的用具。

（2）茶匙：将茶叶由茶则拨入茶壶的器具。

（3）茶漏（斗）：放于壶口上导茶入壶，防止茶叶散落壶外。

（4）茶荷：属多功能器具，除具有前三者作用外，还可视茶形、断多寡、闻干香。

（5）茶擂：用于将茶荷中的长条形茶叶压断，方便投入壶中。

（6）茶仓：分装茶叶的小茶罐。

2. 理茶器

（1）茶夹：将茶渣从壶中、杯中夹出；洗杯时可夹杯，防手被烫。

（2）茶匙：用以置茶、挖茶渣。

（3）茶针：用于疏通壶内网。

（4）茶桨（簎）：撇去茶沫的用具；尖端用于通壶嘴。

3.分茶器

茶海（也称茶盅、母杯、公道杯）：茶壶中的茶汤泡好后可先倒入茶海，然后依人数多寡平均分配；而人数少时则倒出茶水可避免因浸泡太久而产生苦涩味。茶海上放滤网，可滤去倒茶时流出的茶渣。

4.品茗器

（1）茶杯（品茗杯）：用于品啜茶汤。

（2）闻香杯：可保留茶香，用来嗅闻鉴别。

（3）杯托：承放茶杯的小托盘，可避免茶汤烫手，也起美观作用。

5.涤洁器

（1）茶盘：用以盛放茶杯或其他茶具的盘子。

（2）茶船（茶池、壶承）：盛放茶壶的器具，也用于盛接溢水及淋壶茶汤，是养壶的必须器具。

（3）渣方：用以盛装茶渣。

（4）水方（茶盂、水盂）：用于盛接弃置茶水。

（5）涤方：用于放置用过后待洗的杯、盘。

（6）茶巾：主要用于干壶，可将茶壶、茶海底部残留的杂水擦干；其次用于抹净桌面水滴。

（7）容则：摆放茶则、茶匙、茶夹等器具的容器。

6.其他

（1）煮水器：种类繁多，主要有炭炉（潮汕风炉）+玉书煨、酒精炉+玻璃水壶、电热水壶等。煮水器选用要和茶具配套和谐，煮水无异味。

（2）壶垫：用于隔开壶与茶船，避免因碰撞而发出响声，影响氛围。

（3）盖置：用来放置茶壶盖、水壶盖。

（4）奉茶盘：泡茶后给客人奉茶用的托盘。

（5）茶拂：置茶后用于拂去茶荷中的残存茶末。

（6）温度计：用来判断泡茶水温。

（7）茶巾盘：用以放置茶巾、茶拂、温度计等。

（8）香炉：喝茶焚香可增茶趣，材料多为铜质、瓷质等。

课后思考：

KEHOU SIKAO

1.青瓷茶具以浙江生产的质量最好，龙泉青瓷是其中的佼佼者，请你搜集龙泉青瓷的相关知识，以小组为单位，以PPT的形式进行小组汇报。

2.了解龚春壶的相关知识。

任务五　茶之健康

了解茶叶的主要成分与保健功能；
熟悉茶叶的品鉴、选购；
了解茶叶的存放方法。

民间常有"饭后一杯茶，活到九十八""日饮一杯茶、年岁与茶寿"的说法，小茗很好奇地查阅了资料，发现"茶寿"指的就是108岁。喝茶与养生到底有什么密切联系呢？茶叶内富含500多种化合物，如蛋白质、维生素、氨基酸、糖类及矿物质元素等，对人体有较高的营养价值，部分物质有药用价值，如茶多酚、咖啡因、脂多糖等。

一、茶的营养成分

（一）茶多酚

茶多酚是茶叶中30多种酚类物质的总称，是形成茶叶色香味的主要成分，可以分为儿茶素类、黄酮类、茶青素和酚酸四大类。其中儿茶素类占比最大，占茶多酚总量的60%~80%。

茶多酚在不同茶叶中的含量排序：绿茶＞乌龙茶＞红茶。

茶多酚是自然界中最强有力的抗氧化剂之一，有增强新陈代谢、降血脂等功效。

（二）蛋白质

蛋白质在茶叶嫩芽中含量最高，约占干茶的15%~23%。蛋白质的基本组成物质是氨基酸，茶叶中氨基酸的含量占1%~4%。其可溶于水，是茶叶味道中酸、爽、甜的主要来源。

氨基酸有助于提高大脑机能，对人的思维、学习、记忆等脑力活动具有辅助作用。

（三）碳水化合物

茶叶中碳水化合物就是糖类，可以分为单糖、双糖和多糖类。同样嫩度的茶叶中，乌龙茶含糖量最高，绿茶次之，红茶最低。

茶多糖有降血糖、降血脂的功效，除此之外还有保护造血功能、抗辐射的作用。

（四）生物碱

茶叶中含有3%~5%的生物碱，包括咖啡碱、茶碱、可可碱等。其中，咖啡碱占干茶质量的2%~5%，其可以溶于水。

咖啡碱可以使神经中枢系统兴奋，抵抗疲劳，咖啡因还有利尿、调节体温等作用。

（五）维生素

维生素是茶叶中重要营养成分，种类丰富，含量较高的主要有维生素B、C、E、K等。优质绿茶中的维生素C含量可以达到100~300毫克。

（六）矿物质

茶叶中矿物质种类很多，目前已发现的有40多种，占干茶质量的4%~7%。含量丰富的有钾、钙、镁等。其中大部分矿物质对人体健康有益。

二、茶的品鉴与选购

（一）正确分辨新茶与陈茶

新茶是指由当年采摘的鲜叶加工而成的茶叶。陈茶指隔年的茶。一般而言，多数品种的新茶优于陈茶，但有的茶叶品种在贮存合适的情况下，时间越久，反而品质更好。武夷岩茶、黑茶等都贮存时间越久，品质越好。

新茶和陈茶可以从色泽、滋味、香气、含水量等方面进行辨别。

（1）色泽：随着存放时间变长，不同茶类的色泽会发生变化，如绿茶由嫩绿变为黄绿，红茶由乌润变为灰褐。

（2）滋味：鲜爽味减弱。

（3）香气：从清香馥郁到香气低闷。

（4）含水量：新茶含水量正常为7%左右。

春茶、夏茶、秋茶的采摘时间

春茶：清明至小满

夏茶：小满至小暑

秋茶：小暑至寒露

三、茶叶选购的考虑因素

（一）外形

从茶叶的嫩度、条索、色泽、整碎度、净度五个方面来评定。

（1）所谓"干看外形，内看叶底"就是指茶叶的嫩度。一般而言，有锋苗的表示茶叶嫩，品质好。

（2）条索：不论茶叶的成品形状是长是扁，或圆或曲，形状统一美观是评判加工技术的直观标准。

（3）色泽：各种茶叶的成品都有其标准的色泽。如色泽统一和谐、光滑明亮、油润鲜艳，基本可以判定为优质茶。

（4）整碎度：整碎度是指茶叶外形的断碎程度，以均匀为好，断碎为次。

（5）净度：茶叶洁净，无茶梗或少茶梗，非茶类物质少，则为优质茶。

（二）内质

可以从香气、滋味、汤色、叶底来评判。

（1）香气：不论是干茶和茶汤，都可以从香气类型、香气高低和香气持久性三方面衡量。上等绿茶具有兰花香、板栗香等清香味；红茶有甜香或花香；乌龙茶香气较为复杂，多具有水果香或花香。

（2）滋味：滋味是茶汤最核心的品质。凡茶汤醇厚、鲜浓者，表示浸出物质含量多且成分好。

（3）汤色：茶汤的色泽可以从色度、亮度、浑浊度三个方面进行评价。如绿茶汤色呈浅绿或黄绿，清澈明亮；红茶汤色红艳明亮；普洱熟茶汤色明亮红浓，清澈自然，呈现成熟美。

（4）叶底：叶底指茶叶残渣，色泽明亮调和、质地一致则为优质茶叶。

储存茶叶有"五忌"

一忌潮湿；二忌高温；三忌阳光；四忌氧气；五忌异味。

课后思考：

KEHOU SIKAO

根据贮存茶叶的"五忌"，请你查阅资料，看看不同的茶叶适合什么样的贮存方法。

项目 **2**

技 艺 篇

学习任务：

掌握基础茶类的生产加工基础知识；
掌握各类名优茶的相关知识；
了解六大茶类的冲泡技巧。

在了解了茶的基础知识后，小茗对"水为茶之母，器为茶之父"的教学内容有了全新的认识，茶艺实训室里琳琅满目的各类茶叶已经让小茗跃跃欲试了，一直在品饮老师泡的茶，现在同学们都已经忍不住想亲自泡杯茶了。

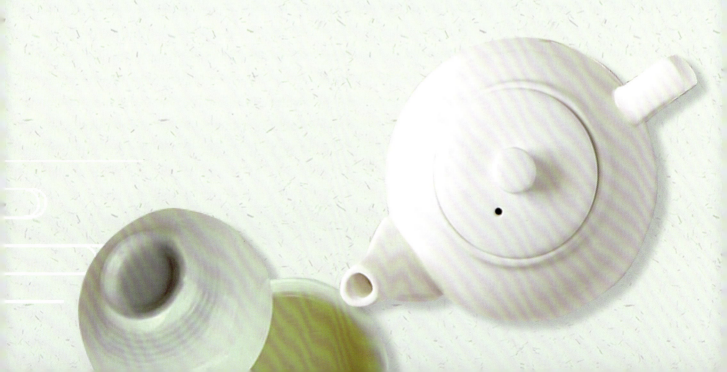

任务一　绿茶品鉴与冲泡

> 绿茶基本工艺为杀青、揉捻、干燥三个步骤。未经过发酵程序，因而汤清叶绿。
>
> 绿茶的定义：鲜茶叶经萎凋、杀青、揉捻、干燥后制作而成的饮品，其干茶、泡后的茶汤和叶底色泽均以绿色为主调，因而得名。

一、绿茶的制作工艺

鲜叶→杀青→揉捻→干燥，其中杀青是绿茶加工过程中最关键的工序。

绿茶按制作方法不同分为：

炒青绿茶

工艺：高温锅杀青、锅炒干燥。

代表性名茶：西湖龙井、洞庭、信阳毛尖。

烘青绿茶

工艺：杀青揉捻后烘焙干燥。

代表性名茶：黄山毛峰、太平猴魁。

晒青绿茶

工艺：杀青揉捻后日光晒干。

代表性名茶：云南晒青毛茶。

蒸青绿茶

工艺：高温蒸汽杀青，这种茶具有三绿特征，即干茶深绿、茶汤黄绿、叶底青绿。

代表性名茶：湖北恩施玉露。

详见图2-1-1。

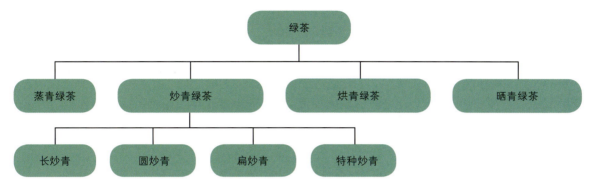

图2-1-1 绿茶按制作方法分类

二、绿茶的品质特征

因为绿茶是不发酵茶，鲜叶中茶多酚、咖啡碱保留了85%以上，维生素损失也较少，从而形成了绿茶"汤清叶绿，滋味收敛性强"的特点。

绿茶对防衰老、防癌、抗癌、杀菌、消炎等均有特殊效果。

三、绿茶的识别

观看茶色：看干茶、茶汤、叶底。

品闻茶香：闻茶香，确定属于清香、嫩香、毫香、花香等。

品闻茶味：鲜爽、回甘。

查看茶形：干茶、叶底。

四、绿茶名品

绿茶是我国产地最广、名品最多的茶类，据不完全统计，全国名优绿茶有700多种，省级名优绿茶有300多种。

名称： 西湖龙井

品种： 炒青绿茶

产地： 杭州市西湖区的狮峰、龙井、云栖、虎跑、梅家坞

特点： 色绿、味郁、形美、味甘。西湖龙井与虎跑泉被称为"西湖双绝"

名称： 洞庭碧螺春

品种： 炒青绿茶

产地： 苏州太湖的洞庭山

特点： 白毫明显，色泽翠碧，卷曲成螺，形美、色艳、香浓、味醇

名称： 信阳毛尖

品种： 炒青绿茶

产地： 河南信阳

特征： 形状细、圆、紧、直，多白毫，茶清香、味浓，汤色绿，素以"色翠、味鲜、香高"著称

名称： 黄山毛峰

品种： 烘青绿茶

产地： 安徽黄山

特征： 形似雀舌，匀齐壮实，峰显毫露，色如象牙

名称： 六安瓜片

品种： 烘青绿茶

产地： 安徽的金寨、六安、霍山

特点： 称之为"瓜片"是因为其叶子形状好像硕大的瓜籽，其色泽翠绿、香气清高、味道甘鲜

名称： 太平猴魁

品种： 烘青绿茶

产地： 安徽太平

特征： 外形两叶抱芽，扁平挺直，香气浓高持久，冲泡四次仍留香

五、绿茶的冲泡

绿茶冲泡的五个要素：茶叶选择，茶具配合，泡茶用水，泡茶技艺，品茗环境。

绿茶的冲泡要领

1.器皿的选择
细嫩名贵绿茶——玻璃杯。

中高档绿茶——瓷杯或盖碗。

中低档绿茶——茶壶。

2.控制水温
冲泡水温的高低影响茶中可溶性浸出物的浸出速度。高档绿茶泡茶水温摄氏85度左右。冲泡水温与茶叶原料的老嫩呈反比。

3.冲泡次数
第一泡：茶中物质浸出50%~55%；第二泡：浸出30%；第三泡：浸出10%；第四泡则与白开水无异。

4.茶水比例
根据茶的具体情况及个人喜好确定。多数绿茶茶水比例为1：50。

5.冲泡时间
茶的滋味随冲泡时间延长而增加，一般冲泡后2分钟左右饮用最佳。

6.泡茶方式
（1）细嫩名贵绿茶冲泡——杯泡法，采用下投法、中投法、上投法。

（2）中高档绿茶的冲泡——盖碗泡法，以闻香、品味为主，观形次之。

（3）中低档绿茶冲泡——壶泡法，因外形、内质比较逊色，缺乏观赏性。

六、茶汤的品饮

（一）观形

主要观察茶汤的颜色和茶叶的形态。

（二）闻香

嗅闻茶汤散发的香气。以果香、花香等自然香型为佳。

（三）品味

品尝茶汤的滋味，初入口有或浓或淡的苦涩味，回甘快，韵味无穷。

七、绿茶的玻璃杯冲泡技艺

（一）茶具配置（以泡西湖龙井为例）

茶盘、玻璃杯、杯托、茶匙、茶荷、茶样罐、水壶、茶巾、茶巾盘、泡茶巾。也可选用无盖瓷杯、瓷碗、盖碗（泡时不用盖）等其他茶具。

（二）冲泡程序

1. 备具

将三只玻璃杯杯口向下置杯托内，以直线状摆在茶盘斜对角线位置（左低右高）；茶盘左上方摆放茶样罐，中下方置茶巾盘（内置茶巾），盘上叠放茶荷及茶匙，右下角放水壶。

2. 备水

尽可能选用清洁的天然水，开水壶中水温应控制在摄氏85度左右。

3. 布具

双手将水壶移到茶盘右侧桌面；将茶荷摆放在茶盘前方，茶巾放在茶盘后方；茶道组摆放在茶盘右上方；将茶样罐放到茶盘左侧上方桌面上；用双手按从右到左的顺序将茶杯翻正。

4. 翻杯置茶

用前文介绍的茶荷、茶匙置茶手法，用茶匙将茶叶从茶样罐中拨入茶荷中，再分放于各杯中。一般每杯用茶叶2~3克。盖好茶样罐并复位。

5. 赏茶

双手将玻璃杯奉给来宾，敬请欣赏干茶外形、色泽及嗅闻干茶香。赏毕按原顺序双手收回茶杯。

6. 温杯、浸润泡

以回转手法向玻璃杯内注入少量开水（水量为杯子容量的1/4左右），目的是让茶叶充分浸润，促使可溶物质析出。浸润泡时间20~60秒，视茶叶的紧结程度而定。

7. 摇香

左手托住茶杯杯底，右手轻握杯身基部，运用右手手腕逆时针转茶杯，左手轻搭杯底作相应运动。此时杯中茶叶吸水，开始散发出香气。摇毕可依次将茶杯奉给来宾，敬请品评茶之初香。随后依次收回茶杯。

8. 冲泡

双手取茶巾，斜放在左手手指部位；右手执水壶，左手以茶巾部位托在壶底，双手用凤凰三点头手法，高冲低斟将开水冲入茶杯，应使茶叶上下翻动。不用茶巾时，左手半握拳搭在桌沿，右手执水壶单手用凤凰三点头手法冲泡，以表达七分茶、三分情之意。

9. 奉茶

双手将泡好的茶依次敬给来宾。奉茶者行伸掌礼请用茶，接茶者点头微笑表示谢意，或答以伸掌礼。

10. 品饮

观，闻，品。

11. 续水

当品饮者茶杯中只余1/3左右茶汤时，续水。

12. 复品

名贵绿茶的第二、三泡。

13. 净具

每次冲泡完毕，应将所用茶器具收放于原位。

课后思考：
KEHOU SIKAO

1. 绿茶的品质特征有哪些，查找资料了解适宜饮用绿茶的人群，并说明其原因。
2. 我国十大名茶是哪些？其中哪些是绿茶？

白茶品鉴视频

任务二　白茶品鉴与冲泡

> 老师提问中国六大茶类时，小茗和同学们都能够流利地回答。当老师问白茶的名品时，很多人都回答了安吉白茶，到底对不对呢？让我们一起来学习白茶的知识吧。

一、白茶的制作工艺

中国六大茶类之一的白茶，原产地在福建，主要产区为福鼎、政和，白茶是福建特有的茶类，属轻微发酵。由于它加工过程不炒不揉，茶叶完整，密披白毫，色泽银灰绿，银装素裹，色白如银，滋味甘醇，汤色和叶底浅淡明净，因得白茶之名。

【白茶加工工艺】鲜叶→萎凋→（轻揉捻）→烘干。

二、白茶的品质特征

白茶性寒，具有解毒、退热、降火、降血糖、降血脂、抗癌、抗辐射和提高人体免疫力等功效。在一定时间内，白茶存放时间越长，其药用价值越高。

三、白茶的名品

按鲜叶的嫩度分为毫针白银、白牡丹、贡眉、寿眉。

（一）白毫银针

制作工艺始创于1796年，素有茶中"美女"的美称。其外观特征挺直似针，满披白毫，如银似雪。其鲜叶原料全部是茶芽，白毫银针制成成品茶后，形状似针，白毫密披，色白如银，因此命名为白毫银针（图2-2-1）。

（二）白牡丹

因其绿叶夹银白色毫心，形似花朵，冲泡后绿叶托着嫩芽，宛如蓓蕾初放，故得美名白牡丹。其滋味清醇微甜，汤色杏黄明亮或橙黄清澈，叶底匀整，叶脉微红，布于绿叶之中，有"红装素裹"之誉；白牡丹按其制作的原料可分为政和大白茶、福鼎大白茶及水仙白茶（图2-2-2）。

（三）贡眉

贡眉为微发酵茶。清代萧氏兄弟制作的寿眉白茶被朝廷采购，当地人把朝廷采购的物品称作贡品，贡品寿眉白茶，简称"贡眉"，称呼即来源于此。

贡眉主要产于福建省建阳、福鼎、政和、松溪等地。优质的贡眉成品茶毫心明显，茸毫色白且多，干茶色泽翠绿，冲泡后汤色呈橙色或深黄色，叶底匀整、柔软、鲜亮，叶片迎光看去，可透视出主脉的红色，品饮时感觉滋味醇爽，香气鲜纯（图2-2-3）。

（四）寿眉

寿眉主产于福建省福鼎市、政和县、松溪县等地。寿眉不揉不炒，只需要经过天然的萎凋即成，

图2-2-1 白毫银针

图2-2-2 白牡丹

图2-2-3 贡眉

图2-2-4 寿眉

因其外形似寿星的眉毛，故得名寿眉。优质寿眉毫心显而多，色泽翠绿，汤色橙黄或深黄，叶底匀整、柔软、鲜亮，叶片主脉迎光透视呈红色，味醇爽，香鲜纯。其采摘标准为一芽二叶或一芽二三叶，要求含有白毫（图2-2-4）。

四、白茶的冲泡方法

白茶的冲泡：其一，不同品类，不同泡法；其二，不同年份，不同泡法；其三，不同用具，也有不同泡法；

（一）不同品类，不同泡法

（1）白毫银针：冲泡水温摄氏90度左右，入水沿杯或壶壁，分茶汤保留汤底。

（2）白牡丹：一芽两叶，冲泡水温以摄氏90~100度为宜。

（3）贡眉或寿眉：形粗放，茶汤深红美艳，冲泡水温摄氏100度，出汤慢。

（4）新工艺白茶：因似闽北乌龙，故用功夫法冲泡。

（5）老茶饼：摄氏100度水温或煮饮。

（二）不同年份，不同泡法

（1）新茶的泡法：新茶往往较嫩，干茶观感也新艳，所以最好浅泡，出水尽量快一些，这样能品到那种新茶之纯美。

（2）老茶的泡法：新白茶经过氧化反应，茶叶中的茶多酚、咖啡碱等物质大量转化成了酮类物质，成就了老白茶香气成熟、口感醇厚的滋味，以及较高的营养价值。三年以上的老白茶，既可以直接煮，还可以先冲泡再煮叶底，越老的白茶煮出来的口感越醇厚。品饮老白茶，宜用大肚紫砂壶、玻璃壶等，冷水投茶还是热水投茶要看个人喜好。

（三）不同用具，不同泡法

（1）杯泡：取5克白茶用摄氏90度水先温润闻香，再用开水冲泡，1分钟后就可饮用。

（2）盖碗泡：取3克的白茶投入中盖碗，用摄氏90度开水温润闻香，然后像功夫茶泡法一样，第一泡45秒以后每泡延续20秒，这样就能品到十分清新的口味。

（3）小壶泡：取7~10克的白茶投入壶中，用摄氏90度开水温润后用摄氏100度开水闷泡，45~60秒就可出水品饮，这样可以品到清纯中带醇厚的品味。

（4）煮茶：老白茶属于陈茶，是耐泡型，可将适量的茶叶和山泉水一起放入壶中开火煮开，然后小火慢熬，出水即饮，浓淡可用时间控制。亦可第一、二泡冲饮，而后煮饮。

五、白茶冲泡程序

茶名：白毫银针

器具：直筒形透明玻璃杯

步骤：

（1）备具：玻璃杯。

（2）备水：将沸水倒在玻璃壶或玻璃杯中备用。

（3）赏茶：白茶形似兰花，用赏茶荷赏茶。

（4）温杯：倒入少许开水于茶杯中，均匀清洗杯子。

（5）置茶：将2~3克茶置于玻璃杯中。

（6）浸润泡：冲入80~90度的开水少许。

（7）摇香：浸润10秒左右，顺时针摇香。

（8）冲泡：随即用高冲法，同一方向冲入开水，静置3分钟后，即可饮用。

白茶因未经揉捻，茶汁很难浸出，汤色和滋味均较清淡。

课后思考：
KEHOU SIKAO

1.白茶的发酵程度是多少？冲泡技术上有什么要求？

2.老白茶的功能是什么？为什么说"白茶三年药，七年成宝"？

任务三　黄茶品鉴与冲泡

黄茶是中国的特色茶类，加工工艺在绿茶工艺的基础上多了闷黄工序。

一、黄茶加工的基本工艺

鲜叶→杀青→揉捻→闷黄→干燥，其中闷黄是黄茶加工过程中最关键的工序。

二、黄茶的主要品质特征

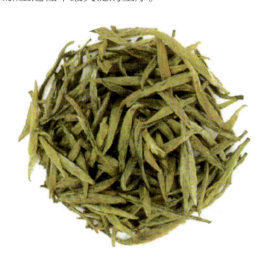

干茶色浅黄或嫩黄，茶汤色黄亮，香气带甜，滋味微甜；叶底黄亮。

三、黄茶的分类

（1）黄芽茶。如君山银针、蒙顶黄芽、霍山黄芽等。

（2）黄小茶。如北港毛尖、沩山毛尖、平阳黄汤等。

（3）黄大茶。如霍山黄大茶、广东大叶青等。

四、黄茶名品

名称：君山银针
产地：湖南岳阳君山
外形：芽头肥壮，紧实挺直，芽身金黄，披银毫
汤色：橙黄明净
香气：清甜
滋味：甘甜醇和

名称：蒙顶黄芽
产地：产于四川名山县蒙顶山
外形：扁直，芽条匀整，色泽嫩黄，芽毫显露
汤色：黄亮透碧，滋味鲜醇回甘
叶底：全芽嫩黄

名称：霍山黄芽
产地：主产于湖南霍山县
外形：条直微展、形似雀舌、嫩绿披毫
汤色：黄绿清澈明亮
叶底：嫩黄明亮

名称：沩山毛尖
产地：湖南省宁乡县沩山乡
外形：微卷成块状，色泽黄亮油润，白毫显露
汤色：橙黄透亮，松烟香气浓郁
叶底：黄亮嫩匀

名称：平阳黄汤
产地：浙江省温州市平阳县
外形：纤秀匀整，具有"干茶显黄、汤色杏黄、叶底嫩黄"
　　　　的"三黄"特征
汤色：杏黄明亮，香高持久，滋味甘醇爽口
叶底：嫩黄

五、黄茶的冲泡

黄茶冲泡与绿茶冲泡有相似之处，下面是玻璃杯冲泡过程。

（一）茶具配置（以蒙顶黄芽为侧）

茶盘、玻璃杯、杯托、茶匙、茶荷、茶样罐、水壶、茶巾、茶巾盘、泡茶巾。

（二）冲泡程序

（1）清洁茶具。

（2）选择好重1:50的黄茶与水的份量。

（3）将茶叶放进杯中。

（4）在杯中倒进二分之一的水，浸泡黄茶叶。

（5）在黄茶叶浸泡1分钟左右，倒进另外一半水。

（6）注意在冲泡的时候，要提高水壶，让水由高处向下冲，并将水壶由上往下反复提举三四次。

（7）品饮：第一泡醇和清香，第二泡茶香最浓，第三泡茶味偏淡，三泡之后不再饮用。

课后思考：

KEHOU SIKAO

1. 搜集我国著名黄茶的产地和其黄茶特色。
2. 简述黄茶冲泡中操作卫生方面需要注意的问题。

任务四 乌龙茶品鉴与冲泡

> 乌龙茶是中国的特色茶类，具有浓郁的花果香，主要产区是福建、广东和台湾三省。

一、乌龙茶加工的基本工艺

鲜叶→晒青→做青→炒青→揉捻→干燥，其中做青是乌龙茶加工过程中最关键的工序。

二、乌龙茶的分类与品质特征

乌龙茶主要分为福建乌龙茶、广东乌龙茶、台湾乌龙茶三大类。

（一）福建乌龙茶

又分为闽北乌龙茶、闽南乌龙茶两类（图2-4-1）。

1. 闽北乌龙茶： 如武夷岩茶、武夷水仙、肉桂大红袍等。

品质特征：以武夷岩茶为代表的闽北乌龙茶，干茶色泽一般乌褐油润，条索扭曲紧结，汤色橙黄明亮，香气浓郁幽长，滋味醇厚鲜滑，独具"岩韵"，叶底肥厚软亮。

2. 闽南乌龙茶： 如安溪铁观音、黄金桂、本山、毛蟹、奇兰等（图2-4-2）。

品质特征：以安溪铁观音为代表的闽南乌龙茶，干茶色泽一般砂绿油润，颗粒卷曲圆结，汤色金黄明亮或清绿明亮，香气馥郁高长，滋味鲜醇甘滑，独具"音韵"，叶底肥厚软亮。

（二）广东乌龙茶

如凤凰单枞、凤凰水仙、岭头单枞等（图2-4-3）。

品质特征：茶汤色橙黄清澈，味醇爽，回甘快，具有天然花香并持久。

（三）台湾乌龙茶

如冻顶乌龙、包种等（图2-4-4）。代表品种：文山包种。

品质特征：包种类乌龙具有兰花清香，白毫乌龙（东方美人）带有成熟的果香与蜂蜜香。

图2-4-1　闽北乌龙　大红袍　　　　　　　　　　图2-4-2　闽南乌龙　铁观音

图2-4-3　广东乌龙　凤凰单枞　　　　　　　　　图2-4-4　台湾乌龙　冻顶乌龙

三、冲泡要领

冲泡器具以紫砂壶和盖碗为主。如铁观音干茶外形为圆形的，宜用紫砂壶；如凤凰单枞外形为长条形的，宜用盖碗。器温要高，用水要滚开。

其沸如鱼目，微有声，为一沸；

缘边涌泉连珠，为二沸；

腾波鼓流浪，为三沸。

——陆羽 《茶经》

铁观音品鉴视频

四、冲泡程序

茶品名称： 安溪铁观音

泡茶用具： 茶船、盖碗（茶瓯）、品茗杯、茶叶罐、茶巾、茶荷、茶具组（茶则、茶夹、茶漏、茶匙、
茶针等）。

步骤：

（1）温具。

（2）洗怀。用开水洗净茶瓯、品茗杯。洗杯时，最好用茶夹，不要用手直接接触茶具，并做到里
外皆洗。这样做的目的有二：一是清洁茶具；二是温具，以提高茶的冲泡水温。

（3）置茶。用茶匙摄取茶叶，投入量为1克茶用20毫升水，差不多是盖瓯容量的三四成满。

（4）润茶。将煮沸的开水先低后高冲入茶瓯，使茶叶随着水流旋转，直至开水刚开始溢出茶瓯为
止。加盖后倒入品茗杯，目的是让茶叶湿润，提高温度，使香味能更好的挥发。

（5）冲泡。用刚煮沸的沸水，采用悬壶高冲、凤凰三点头（先低后高）的方法冲入瓯中。

（6）刮沫。左手提起瓯盖轻轻地在瓯面上绕一圈把浮在瓯面上的泡沫刮起，俗称"春风拂面"，
然后右手提起水壶把瓯盖冲净，盖好瓯盖后静置1分钟左右。

（7）分茶。先将品茗杯中的洗茶留香水一一倒掉。用拇指、中指夹住茶瓯口沿，食指抵住瓯盖的
钮，在茶瓯的口沿与盖之间露出一条水缝，提起瓯盖，沿茶船边缘绕一圈把瓯底的水刮掉，然后用茶
巾吸去残存的水渍。分茶时，把茶水巡回注入弧形排开的各个茶杯中，俗称"关公巡城"，这样做的
目的在于使茶汤均匀一致。

（8）点茶。倒茶后，要将瓯底最浓的少许茶汤一滴一滴地分别点到各个茶杯中，使各个茶杯的茶
汤浓度一致，俗称"韩信点兵"。

（9）品茶。先端起杯子慢慢由远及近闻香数次，后观色，再小口品尝，让茶汤绕舌而转，充分领
略茶味后再咽下。

**拓展阅读：**

乌龙茶冲泡

- 福建泡法：福建是乌龙茶的故乡，当地品尝乌龙茶有一套独特的茶具，讲究冲泡法，故称为"功夫茶"。
- 广东潮汕泡法：广东潮州、汕头一带，配套的茶具人称"烹茶四宝"，即玉书煨、潮汕炉、孟臣罐、若琛瓯。
- 台湾泡法：与福建和广东潮汕地区的乌龙茶冲泡方法相比，它突出了闻香这一程序，还专门制作了一种与茶杯相配套的长筒形闻香杯。另外，为使各杯茶浓度均等，还增加了一个公道杯相协调。

知识链接：
ZHISHI LIANJIE

乌龙茶冲泡的茶水重比例：1：30。
孟臣沐淋：冲泡中以开水浇淋茶壶。
关公巡城：均匀巡回斟茶。
韩信点兵：茶水剩少许后，往各杯点斟。
高冲低斟：冲水要高，让壶中茶叶流动促进出味，低斟则防止茶香散发。
三龙护鼎：端茶杯时，用拇指和食指扶住杯身，中指托住杯底。

**课后思考：**
KEHOU SIKAO

1.简述乌龙茶冲泡过程中的"凤凰三点头"寓意。
2.乌龙茶冲泡过程中需要准备的用具有哪些？

祁门红茶品鉴视频

任务五　红茶品鉴与冲泡

红茶具有红汤红叶的品质特征，
是世界茶叶消费量最大的一类茶。

一、红茶加工的基本工艺

鲜叶→萎凋→揉捻→发酵→干燥，其中发酵是红茶加工过程中最关键的工序。

二、红茶的主要品质特征

红茶干色乌润，汤色红亮，具焦糖香（甜香），滋味甜醇，叶底红亮。

三、红茶的分类

（一）按制作方法

（1）小种红茶。有正山小种（图2-5-1）、烟小种等。

（2）工夫红茶。有滇红（图2-5-2）、闽红工夫茶、祁门红茶等（图2-5-3）。

图2-5-1 正山小种

图2-5-2 滇红

（3）红碎茶。有叶茶、碎茶（图2-5-4）、片茶、末茶四类。

图2-5-3 祁门红茶

（二）按产地分

有祁红、滇红、宁红和闽红等。

四、品饮方法

红茶既适宜杯饮法，也适宜壶饮法。

（1）清饮法，不加任何调味品，使茶叶发挥应有的香味。清饮法适合于品饮工夫红茶，重在享受茶的清香和醇味。杯饮法3克红茶放入白瓷杯中。若用壶饮法，则按1：50的茶、水重比例，确定投茶量。

（2）调饮法，是在茶汤中加调料，以佐汤味的一种方法。较常见的是在红茶茶汤中加入糖、牛奶、柠檬片、咖啡、蜂蜜或香槟酒等。

图2-5-4 锡兰红碎茶

五、红茶冲泡步骤

（1）茶品名称：祁门红茶（功夫红茶）。

（2）泡茶用具：茶船、玻璃茶壶（盖瓯或瓷壶均可）、玻璃公道壶、白瓷杯、随手泡、茶叶罐、茶巾、茶荷、茶具组（茶则、茶夹、茶漏、茶匙、茶针）。

步骤

1. 温具

将开水倒至壶中，再转注至公道壶和品茗杯中。温杯的目的是因为稍后放入茶叶冲泡热水时不致壶和水冷热悬殊太大。

2. 盛茶

用茶则将茶叶拨至茶荷中供赏茶。

3. 置茶

用茶匙将茶叶拨入壶内。

4. 冲泡

向杯中倾注摄氏90～100度的开水，提壶用回转法冲泡，尔后用直流法，最后用"凤凰三点头"法冲至满壶。若有泡沫，可用左手持壶盖，由外向内撇去浮沫，加盖静置2～3分钟左右。

5. 出汤

将茶汤斟入公道壶中。

6. 分茶

将公道壶中茶汤一一倾注到各个茶杯中。

7. 品茶

如果品饮的红茶属于条形茶，一般可冲泡2~3次。如果是红碎茶，通常只冲泡1次，第二次再冲泡，滋味就显得淡薄了。

知识链接：
ZHISHI LIANJIE

鉴别红茶优劣的两个重要感官指标是"金圈"和"冷后浑"。茶汤贴茶碗一圈金黄发光，称"金圈"。"金圈"越厚，颜色越金黄，红茶的品质越好。所谓"冷后浑"是指红茶经热水冲泡后茶汤清澈，待冷却后出现浑浊现象。"冷后浑"是茶汤内物质丰富的标志。

课后思考：
KEHOU SIKAO

1. 练习祁门红茶的冲泡过程，撰写其茶艺表演的解说词，并将冲泡过程与解说词合并进行练习。

任务六　黑茶品鉴与冲泡

> 黑茶是利用微生物后发酵的方式制成的一种茶叶。

一、黑茶加工的基本工艺

鲜叶→杀青→揉捻→渥堆→干燥，其中渥堆是黑茶加工过程中最关键的工序。

二、黑茶的主要品质特征

干茶色泽黑褐，汤色褐红，香气陈香，滋味陈醇，叶底黄褐。

三、黑茶的分类

（1）滇桂黑茶。如云南普洱茶、云南沱茶、广西六堡茶等（图2-6-1）。

（2）湖南黑茶。如安化黑茶等。

图2-6-1　云南沱茶

（3）湖北黑茶。如湖北老青茶等。

（4）四川黑茶。如南路边茶、西路边茶等。

四、黑茶的起源与传播

黑茶起源于四川省，其年代可追溯到唐宋时茶马交易的中早期。茶马交易的茶是从绿茶开始的，当时茶马交易茶的集散地为四川雅安和陕西的汉中，长途运输中，雨天茶叶常被淋湿，天晴时茶又被晒干，这种干、湿互变过程使茶叶在微生物的作用下发酵，产生了品质完全不同于起运时的茶品，即黑茶，因此"黑茶是马背上形成的"说法是有道理的。

图2-6-2　云南普洱茶

拓展阅读：

产地：普洱市（旧属云南普洱府）。

原料：云南大叶种晒青毛茶。

特点：普洱又称圆茶，属于黑茶，但成品后还持续着自然陈化过程，有越陈越香的独特品质。

普洱茶的分类：

　　普洱茶分为生普和熟普，详见图2-6-3。生普和熟普最根本的区别是是否经过人工渥堆发酵。

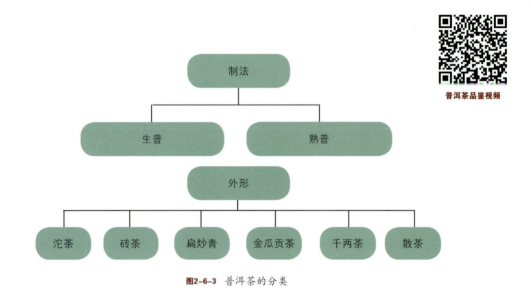

普洱茶品鉴视频

图2-6-3　普洱茶的分类

五、普洱茶的冲泡程序

温杯洁具	赏茶投茶	洗茶	泡茶	待汤赏汤	分茶	品茶
对壶和茶具清洗加温	投茶量为壶身的2/3	高冲水，冲洗一至两遍	水温95度以上，低斟	等待大约15秒，待茶汤浸出	斟至7分满	握杯 闻香 品味

1. 煮茶

器具：陶壶，容量为1500毫升。

茶叶量：10克左右。

热水冷水都可以煮茶，时间充裕建议用冷水煮茶，可以煮出茶汤的顺滑感，茶汤醇厚回甘。大火煮水沸腾后关火，让茶汤冷却4~5分钟即可饮用，是为煮茶。

2. 煎茶

加冷水，用小火慢慢地炖是为煎茶，茶汤柔和爽滑而甘甜。

课后思考：

KEHOU SIKAO

1. 比较制作黑茶、绿茶所用原料的不同之处，并分析其中的原因。

2. 黑茶的养生功能有哪些？

项目 **3**

拓 展 篇

学习任务：

了解世界各地的茶；

了解不同地区各民族以及日、韩等国家饮茶风俗；

了解点茶来由和基本操作步骤；

具备一定的美学鉴赏能力，了解茶席的构成要素。

不知不觉，小茗学习茶艺课程已经有两个月的时间了，从刚开始对茶知识的一无所知，到现在说起茶来头头是道，大家都觉得小茗身上有了一些变化，在茶文化的熏陶下，小茗的举手投足优雅了起来，不过她并不满足于所学到的知识，她迫切地希望更多地了解茶文化。

任务一　世界各地的茶

世界茶叶生产地主要在亚洲和非洲，美洲、大洋洲和欧洲也有生产。其中，亚洲产量约占世界总产量的80%，世界生产的茶叶中红茶产量最大，约占70%。亚洲产地集中在中国、印度、斯里兰卡（旧称锡兰）、日本和印度尼西亚等国家。非洲主要产地在肯尼亚等国家。拉丁美洲的产茶国主要是阿根廷。

一、印度红茶

印度茶业起步较晚。1780年，从中国输入茶籽在印度种植成功，印度人才开始种茶和饮茶。目前印度是世界上红茶总产量最大的国家，最有名的是阿萨姆红茶和大吉岭红茶。大吉岭红茶被称为"红茶中的香槟"。

二、斯里兰卡红茶

锡兰红茶与祁门红茶、阿萨姆红茶、大吉岭红茶并称世界四大红茶。锡兰红茶的代表乌瓦茶为碎形茶，赤褐色，茶汤橙红明亮。

三、日本茶

日本人日常用的茶以煎茶为主，日本煎茶外形呈针状，色泽青绿光润，香味清爽。日本的茶道中主要流行抹茶，即被磨成细末状的蒸青绿茶，也被称为"碾茶"。

四、土耳其红茶

土耳其人均茶消费量居世界前列，其生产的红茶主要供应国内市场。

五、肯尼亚红茶

非洲自20世纪起引种了茶树，目前茶叶是肯尼亚的第一大出口商品，主要生产红碎茶。

任务二 日、韩饮茶习俗

> 小茗知道中国文化对一衣带水的日本影响巨大，因为从小就喜欢看日本动漫，所以她对日本文化非常着迷，既然中国文化对日本的衣食住行都发生过影响，那么在饮茶文化上日本和中国有哪些不同之处呢？

一、茶道

"茶道"是日本文化发展的汇聚点，不仅是日本人民生活中必不可少的内容，也体现了一种民族精神。

（一）日本茶道的起源

日本的茶道起源于中国。大约1300年前，日本派使者和敬仰佛教的僧侣们前往唐朝的首都长安，其中有一位僧侣名叫永忠，他在中国生活长达30年，对唐朝的茶文化极其精通。归国时，他将茶带回了日本。

奈良、平安时代，日本接受了中国输入的茶文化，并开始了本国茶文化的发展。在日本，饮茶首先在宫廷贵族、僧侣和上层社会中传播并流行，也开始种茶、制茶，在饮茶方法上则仿效中国唐代的煎茶法。

镰仓时代，日本的第一部茶书《吃茶养身记》问世。

江户时代，日本吸收、消化中国茶文化后形成了具有本民族特色的抹茶道、煎茶道。日本茶道源于中国茶道，并发扬光大了中国茶道。

图3-2-1 日本茶室

（二）日本茶道的精神

日本茶道的基本精神是"和、敬、清、寂"，也被称为"茶道四规。""和""敬"表示人们要互相尊敬、和睦相处；"清""寂"表示环境清洁、优雅，饮茶人要摒弃欲望（图3-2-1）。

（三）流派

千利休禅师被称为日本茶道的集大成者（图3-2-2）。现今日本比较著名的茶道流派大多和千利休有着深厚的关系，其中以里千家最为有名，势力也最大（表3-2-1）。

图3-2-2 千利休

表3-2-1 日本著名茶道流派

流派	特点
表千家	千家流派之一，继承了千利休传下的茶室和茶庭，保持了正统闲寂茶的风格
里千家	千家流派之一，里千家实行平民化，他们继承了千宗旦的隐居所"今日庵"
武者小路千家	千家流派之一，该流派是"三千家"中最小的一派，以宗守的住地武者小路而命名
薮内	该流派的座右铭为"正直清净""礼和质朴"，擅长于书院茶和小茶室茶
远州	主要擅长书院茶

（三）日本饮茶所用器具场所

（1）茶室：为了茶道所建的建筑。大小以四叠（塌塌米）半为标准，大于四叠半者称作"广间"，小于四叠半者称作"小间"。

（2）水屋：位于茶室旁的空间，用来准备及清洗茶道具。

（3）茶罐：主要有枣，茶入，仕覆，茶杓，煮水，炉，风炉，柄杓，盖置，水指，建水。

（4）茶碗：乐茶碗，以乐烧（手捏成型后低温烧制）制成的茶碗。

（5）茶筅：击拂茶汤用的工具。

（四）日本茶道礼仪程序

日本茶道的喝茶顺序为：更衣—观赏茶庭—初茶—茶食—中立—浓茶—后炭—薄茶—退出—衔接。

接待宾客时，由专门的茶师按照规定的程序和规则依次点炭火、煮开水、冲茶或抹茶，然后依次献给宾客。点茶、煮茶、冲茶、献茶是茶道仪式的主要部分，茶师都要经过专门的训练。茶师将茶献给宾客时，宾客要恭敬地双手接茶，致谢，而后三转茶碗，轻品，慢饮，奉还，动作轻盈优雅。饮茶完毕，按照习惯和礼仪，客人要对各种茶具进行鉴赏和赞美。最后，客人离开时需向主人跪拜告别，主人则热情相送。

二、韩国茶礼

韩国茶礼又称茶仪，是民众共同遵守的传统风俗，有人将茶礼解释为"贡人、贡神、贡佛的礼仪"。

（一）韩国茶礼起源

茶礼源于中国古代的饮茶习俗，是把禅宗文化、儒家与道家的伦理道德以及韩国传统礼节融合于一体形成的。

（二）韩国茶礼精神

韩国的茶礼精神就是茶道精神，其主要精神是清、敬、俭、真。"清"是指善良之心地；"敬"是彼此的敬重；"俭"是生活俭朴；"真"是心地真诚。

（三）韩国茶礼的分类

韩国的茶礼种类繁多、各具特色。按名茶类型区分，可分为"末茶法""饼茶法""钱茶法""叶茶法"四种。

（四）韩国"叶茶法"茶礼

1.迎宾

宾客光临，主人必先到大门口恭迎，并以"欢迎光临""请进""谢谢"等语句迎宾引路。宾客必须以年龄高低、顺序随行。进茶室后，主人必立于东南向，向来宾再次表示欢迎后落坐。一般主人坐东面西，而客人则坐西面东。

2. 温茶具

沏茶前，先收拾、拆叠茶巾，将茶巾置茶具左边，然后将烧水壶中的开水倒入茶壶，温壶预热，再将茶壶中的水分别平均注入茶杯，温杯后即弃之于退水器中。

3. 沏茶

主人打开壶盖，右手持茶匙，左手持分茶罐，用茶匙捞出茶叶置壶中。并根据不同的季节，采用不同的投茶法。一般春秋季用中投法，夏季用上投法，冬季则用下投法。投茶量为一杯茶投一匙茶叶。将茶壶中冲泡好的茶汤，按自右至左的顺序，分三次缓缓注入杯中，茶汤量以斟至杯中的六七分满为宜。

4. 品茗

茶沏好后，主人以右手举杯托，左手把住手袖，恭敬地将茶捧至来宾前的茶桌上，再回到自己的茶桌前捧起自己的茶杯，对宾客行"注目礼"，口中说"请喝茶"，而来宾答"谢谢"后，宾主即可一起举杯品饮。在品茗的同时，可品尝各式糕饼、水果等清淡茶食用以佐茶。

 拓展阅读：

英国下午茶的出现

1840年，第七世贝德福德公爵夫人安娜·玛利亚·罗素每天都会吩咐仆人在下午4点备好一个盛有黄油、面包、蛋糕的食盘及茶，用以果腹。因为她发现自己每天下午4点都会饿，而当时时兴的晚餐时间要到晚上8点。很快她发现自己的这个新习惯令人欲罢不能，便邀请另一些女士来加入其中。这种茶歇很快便成了当时的社会潮流。到了19世纪80年代，上流社会女性则会为了享用一顿下午茶而专门换上长礼服、手套以及帽子。

 课后思考：
KEHOU SIKAO

1. 了解千利休禅师的故事。
2. 日本茶道与中国茶道的异同点。

任务三　中国各地的饮茶习俗

> 我国地域辽阔，各地的人们对茶有着共同的爱好，但在品茶习俗上却各有不同，其清饮混饮不拘一格。

一、云南的竹筒茶

这是傣族同胞的一种饮茶方法，傣语称这为"腊跺"。这是一种很特殊的饮茶方法，它将茶叶先装入鲜竹筒内，放在火塘上，边烘烤边捣压竹筒，边添加茶叶，直到竹筒填满茶叶，压紧压实为止。竹筒烤至焦黄，茶香外溢，即可移开火塘，剖开竹筒，取少许茶放入茶碗中，用沸水冲泡，即可饮用。这种茶特别清香可口，饮之有清新、醇浓之感。

二、苗族虫茶

虫茶是湖南城步苗族自治县长安乡长安村的著名土特产，已有二百年的历史。当地的苗族同胞将苦茶枝叶喂虫，再用虫屎制成虫茶，成为苗寨的一大特色，至今风行。人们如到苗寨旅游，仍可品尝到风味独特的"苗族虫茶"。

三、侗家的十五茶

流行于广西侗族自治县等地，每年农历十五夜晚，男青年三五成群地去他村走寨，寨中的姑娘则会集于某个姑娘家中，待小伙子们到后以打油茶款待。喝茶前还要先对歌，由女方问，男方答，答对者方能饮茶。女子献茶时先于一只碗上放两双筷，目的是试探小伙子是否有意中人。待双方用歌对答后再行第二次献茶，这时，则有碗无筷，以试探小伙子是否聪明。再次答歌后则开始第三次献茶，这时一只碗上放一根筷子，是探问男方是否有情于女方，答对后再进行第四次献茶，这时一只碗上放一双筷子，表示成双成对，心心相印。

四、擂茶

考"擂茶"一名，出现甚早，宋代耐得翁《都城纪胜》及吴自牧《梦粱录》中就有"擂茶""七宝擂茶"的记载。而今，擂茶仍流行于福建、江西、湖南等地。福建擂茶，以茶叶、芝麻、花生米、橘皮和甘草为原料，盛夏酷暑还加入金银花，凉秋寒冬加入陈皮等，讲究的还放入适量的中药茵陈、甘草、川芎、肉桂等。先将原料放入陶制有齿纹的擂钵，用山楂木（油茶木）制成的木棒（俗称"擂槌"）碾研成粉碎状，冲入开水即可。

敬茶时擂茶碗内溢出的阵阵酥香、甘香、茶香，香味扑鼻而来，沁人肺腑，令人心驰神往，是待客的佳品。赣南人一年四季都饮擂茶，遇到婚嫁喜事、增添子女、小孩满月、恭贺生日，都离不开擂茶，素有"无（擂）茶不成客"之说。

五、藏族酥油茶

藏族同胞主要居住在西藏、云南、四川、青海及甘肃的部分地区。他们常年以奶、肉、糌粑为主食。"其腥肉之食，非茶不消；青稞之热，非茶不解。"茶成了当地人们生活中不可缺少的一部分，喝酥油茶如同吃饭一样重要。

酥油茶是一种在茶汤中加入酥油等作料经特殊方法加工而成的茶汤。至于酥油，乃是把牛奶或羊奶煮沸，经搅拌冷却后凝结在溶液表面的一层脂肪。茶叶一般选用紧压茶中的普洱茶或金尖。制作时，先将紧压茶打碎加水在壶中煎煮 20 ～ 30 分钟，再滤去茶渣，把茶汤注入长圆形的析茶筒内。同时，再加入适量酥油，还可根据需要加入事先已炒熟、捣碎的核桃仁、花生米、芝麻粉、松子仁之类，最后还应放上少量的食盐、鸡蛋等。接着，用木杵在圆筒内上下抽打，根据藏胞经验，抽打时打茶筒内发出的声音由"咣当，咣当"转为"嚓，嚓"时，表明茶汤和作料已混为一体，酥油茶才算打好了，随即将酥油茶倒入茶瓶待喝。

当地喝酥油茶有个规矩，即边喝边添，千万不能一口喝完。如果喝不习惯也无妨，喝了半碗等主人添满后，就让它摆着，在告辞时才一饮而尽，这才符合藏族同胞的礼貌和习俗。

六、蒙古族奶茶

蒙古族喝咸奶茶是他们的传统习俗，每日清晨主妇的第一件事就是煮一锅咸奶茶，一家人早中晚三次喝奶茶是不可缺少的。煮茶顺序是先将水煮沸，后放茶叶，接着放入盐和奶加以调制，蒙古族认为只有器茶奶盐温五者相互协调，才能制成咸香可口的奶茶。

七、白族三道茶

"三道茶"系白族一种古老的品茶艺术，流传至今已有千余年历史。400多年前，徐霞客游大理时，写道："注茶为更，初清茶，中盐茶次蜜茶。"民间代代相传，演变成了今日的三道茶习俗。白族同胞散居在我国西南地区，主要分布在风光秀丽的云南大理。白族是一个好客的民族，大凡在逢年过节、生辰寿诞、男婚女嫁、拜师学艺等喜庆日子里，或是在亲朋宾客来访之际，都会以"一苦、二甜、三回味"的三道茶款待。

三道茶的泡饮，茶分三道，味各不同。

第一道茶，称为"清苦之茶"，寓意做人的哲理："要立业，就要先吃苦。"

喝完第一道茶后，主人会重新烤茶、置水。换上精美的小茶碗以茶碟子相托，其内放生姜片、红糖、蜂乳、炒熟的白芝麻、切得极薄的熟核桃仁片，冲茶至八分满。此茶甜中带香。

第二道茶叫甜茶。它寓意"人生在世，做什么事，只有吃得了苦，才会有甜来"。

第三道茶称回味茶，先将麻辣、桂皮、花椒、生姜片放入水里煮，将煮出的汁液放入杯内，加入苦茶、蜂蜜即成。饮第三道茶时，一般是一边晃动茶盅，使茶汤和作料均匀混合，一边口中"呼呼"作响，趁热饮下。饮下顿觉香甜苦辣俱全，让人回味无穷，它寓意人们要常常回味，牢牢记住"先苦后甜"的道理。

三道茶中一般每道茶相隔3～5分钟，同时桌上放些瓜子、松子、糖果，以增茶趣。

八、罐罐茶

这是居住在我国西南少数民族同胞的一种饮茶习俗。喝罐罐茶以喝清茶为主，少数也有用油炒或在茶中加花椒、核桃仁、食盐之类。

彝族同胞一般将单耳小陶罐放在火上烤热，再投入茶叶8~10克，并在火上不断抖翻，烘烤，待茶叶将焦未焦，散发干香时，冲入沸水，略微煮泡，茶汤呈现深藏色，味醇香，茶劲很足。

课后思考：
KEHOU SIKAO

1.搜集我国少数民族的茶文化与饮茶习俗的相关知识。

任务四　点茶

一、初识点茶

　　点茶是唐宋时期的一种饮茶方式，它是将茶碾成粉末，置于茶盏中，注入开水调成糊状，再以沸水点冲击拂，茶筅旋转击打拂动茶汤，产生泡沫成乳状后饮用的方法（图3-4-1）。

图3-4-1　点茶

二、点茶器具

点茶器具十二先生出自南宋审安老人的《茶具图赞》。茶具一共十二种，称之为"十二先生"，赐以姓、名、字、号，并按照宋代的官制授以职衔（图3-4-2）。介绍如下：

（1）茶炉：韦鸿胪，名文鼎，字景旸，号四窗间叟。

（2）茶臼：木待制，名利济，字忘机，号隔竹居人。

（3）茶碾：金法曹，名研古、轹古，字元锴、仲鉴，号和琴先生。

（4）茶磨：石转运，名凿齿，字遄行，号香屋隐君。

（5）水勺：胡员外，名惟一，字宗许，号贮月仙翁。

（6）筛子：罗枢密，名若药，字傅师，号思隐寮长。

（7）茶帚：宗从事，名子弗，字不遗，号扫云溪友。

（8）盏托：漆雕秘阁，名承之，字易持，号古台老人。

（9）茶碗：陶宝文，名去越，字自厚，号兔园上客。

（10）汤瓶：汤提点，名发新，字一鸣，号温谷遗老。

（11）茶筅：竺副帅，名善调，号希点，号雪涛公子。

（12）茶巾：职方，名成式，字如素，号洁斋居士。

审安老人《茶具图赞》中十二种宋代茶具

宋代流行斗茶，茶具较唐代有了变化。

南宋咸淳五年（1269年），审安老人创作的《茶具图赞》将宋代茶具绘图成册，名为十二先生，按宋代官制冠名。每个名字都隐喻了茶具的用途，颇具冷笑话趣味。

茶焙笼　韦鸿胪
茶槌　木待制
茶碾　金法曹
茶磨　石转运
瓢　胡员外
罗筛　罗枢密
茶刷　宗从事
漆器盏托　漆雕秘阁
黑釉茶盏　陶宝文
水注　汤提点
竹茶筅　竺副帅
茶巾　司职方

图3-4-2　十二种宋代茶具

三、如何点茶

现代点茶的主要程序

（1）备茶布席；　　　（2）煮水火肴盏；　　（3）量茶入盏；　　　（4）注水调膏；

（5）环注击拂；　　　（6）提筅收沫；　　　（7）分茶细品。

现代点茶茶具（图3-4-3）

◆ 汤瓶

宋·建窑天目曜变茶碗

宋·建窑鹧鸪斑星盏　　宋·建窑兔毫纹盏

◆ 盏

◆ 茶筅

图3-4-3 现代点茶茶具

四、具体操作流程

在点茶时，先用瓶煎水，对候汤要求与唐代是一样的。而后将研细茶末放入茶盏，放入少许沸水，先调成膏。所谓调膏，就是视茶盏大小，用勺挑上一定量的茶末放入茶盏，再注入瓶中沸水，将茶末调成浓膏状，以黏稠状为度。接着就是一手点茶，通常用的是执壶往茶盏点水。点水时，要有节制，落水点要准，不能破坏茶面。与此同时，还要将另一只手用茶筅旋转打击和拂动茶盏中的茶汤，使之泛起汤花（泡沫），称之为"运筅"或"击拂"。在实际操作过程中，注水和击拂是同时进行的。

**拓展阅读：**

宋代点茶的流行和斗茶的兴起

宋代以前，中国的茶道以煎茶为主。到了宋代，中国的茶道发生了变化，点茶成为时尚。和唐代的煎茶不同，点茶是将茶叶末放在茶碗里，注入少量沸水调成糊状，然后再注入沸水，或者直接向茶碗中注入沸水，同时用茶筅搅动，茶末上浮，形成粥状。

宋代，朝廷在地方建立了贡茶制度，地方为挑选贡品需要有一种方法来评定茶叶品位高下。当时，根据点茶法的特点，民间兴起了斗茶的风气。斗茶，多为两人捉对"撕杀"，三斗二胜。

斗茶图

五、决定斗茶胜负的标准

点茶，也必须提及斗茶，它是宋人当时的一种风尚。评判斗茶胜负的标准有两个：

（1）汤色。以纯白为上。青白、灰白、黄白，则等而下之。

（2）汤花。第一是汤花的色泽，以鲜白为上；第二是汤花泛起后，水痕出现的早晚。早者为负，晚者为胜。

课后思考：
KEHOU SIKAO

1. 了解点茶中茶粉的制作过程。
2. 查找宋朝点茶、斗茶的相关知识。

任务五　主题茶席欣赏

> 经过一个学期的茶知识学习，小茗对六大茶类的冲泡有了一定认识，老师向她推荐了很多关于茶的公众号，希望小茗通过浏览这些资源后会更加喜爱与茶相关的知识。小茗在浏览中国茶业博物馆的网站时，看到了非常精美的茶席设计，她对茶席的设计有了很大的兴趣。

主题茶席

　　茶席，是泡茶、喝茶的地方，包括泡茶的操作场所、客人的坐席以及所需气氛的环境布置——浙江大学童启庆教授

一、茶席设计

　　茶席设计的定义：所谓茶席设计，就是指以茶为灵魂，以茶具为主体，在特定的空间形态中，与其他的艺术形式相结合，所共同完成的一个有独立主体的茶道艺术组合整体。

二、茶席的渊源

茶席始于我国唐朝，形成了以茶礼、茶道、茶艺为特色的中国独有文化符号。至宋代，插花、焚香、挂画与茶被称为"四艺"，常在各种茶席间出现。

三、茶席布置的要素

茶席的布置一般由茶具组合、席面设计、配饰选择、茶点搭配、空间设计五大元素组成。

四、茶席设计步骤

（一）确定主题

主题是茶席的灵魂，设计茶席首先要确定主题，主题定下了茶席的基调，才可以进行茶席的各个因子之间的统一与协调。

（二）选择茶席元素

1. 茶叶

茶叶是茶席设置的灵魂。茶叶在茶席中的摆放位置依据整体氛围和寓意来定。在静态的茶席设计中，茶一般居于中间或置于最前。

2. 茶具组合

根据功能区分，有泡茶（壶）、饮茶（杯、碗）、贮茶（罐、盒）和辅助用具（茶则、茶炉、茶船、茶荷等）。

（三）席面设计主基调

布置时常用到的有各类桌布（布、丝、绸、缎、葛等）、竹草编织垫和布艺垫等；或可取法于自然的材料，如荷叶铺垫等。

（四）配饰选择

配饰选择的余地相当大，插花、盆景、香炉、工艺品、日用品运用得当，都能达到不凡的效果。一般来说，配饰的选用宜简不宜繁。

（五）茶点搭配

根据主题、茶类、茶具的质感来定，普通的原则是红配酸、绿配甜、乌龙配瓜子，另配水果、糕饼等。

空间设计是上述席面布置元素之外的装饰，主要是为了构建一个和谐的茶席微环境。目前常用到的素材有大型盆栽、装饰画、传统风格字画挂轴、屏风、工艺美术品，这些都能为茶席的空间营造出一份别致的韵味和闲趣。

知识链接：
ZHISHI LIANJIE

无我茶会

无我茶会是1990年由台湾蔡荣章先生首创的，是人人泡茶、人人奉茶、人人饮茶的一种茶会形式。与会人员自带茶叶、茶具，一般席地而坐，围成一圈首尾相接，每人泡茶四杯，奉给左边三位，自己留一杯。参与者抽签决定位置，无尊卑之分。茶会规模可大可小。

1.以季节为主题，选择恰当的茶席要素。

茶席创作参考表格

题目	
选用茶叶	
选用器具	
背景音乐	
创作思路	

项目 **4**

湖 州 篇

学习任务：

掌握湖州本地茶文化知识，了解茶与湖州的渊源；
了解长兴紫笋茶的相关知识；
了解莫干山黄芽的相关知识；
了解安吉白茶的相关知识。

任务一 湖州地方茶文化

> 小茗是湖州人，从小就看到爷爷喜欢端一杯浓茶品茶，后来爷爷告诉她，这是自己亲手制作的绿茶，小茗也注意到湖州人很喜欢喝茶，通过茶艺课的学习她对湖州本地茶文化更加感兴趣了。

一、湖州茶文化背景

湖州是一座具有2300多年历史的江南古城，更是茶圣陆羽《茶经》的诞生地。湖州位于绿茶的主产区，历史上名茶众多，湖州曾被称为"唐代中国东部茶都"。湖州博物馆藏有出土于汉代的贮茶瓮。早在1700多年前的晋代，湖州就产贡茶"温山御荈"。据载：唐代朝廷在顾渚山专设贡茶院，每岁进贡紫笋茶数额达一万八千四百斤。湖州的历史名茶有：温山御荈茶、顾渚紫笋茶、丹邱仙茗茶、金字茶、罗岕茶、洞山茶、太子茶、霞雾茶、碧岘春、梓坊茶、九亩甜茶、莫干山芽茶等。

湖州市位于杭嘉湖平原，太湖南岸，素有"丝绸之府，鱼米之乡，文化之邦"之美誉。随着历史的进程，湖州已经形成"名人（陆羽）、名茶（顾渚紫笋茶、安吉白茶、莫干山黄芽）、名文（《茶经》）、名具（紫砂壶）、名泉（金沙泉）"五名兼备"的茶文化体系，散发出独特笔墨江南、茶香之地文化魅力。

二、湖州茶文化繁荣的缘由

一是诗僧皎然介入茶事，成为著名茶僧，并引禅入茶，体悟"茶禅一味"的境界，率先提出"茶

东汉"茶"字四系罍

1990年4月19日，湖州弁南乡罗家浜村窑墩头东汉晚期砖室墓出土。肩部刻划一古隶"茶"字；经专家论证，此罍系世界上迄今为止发现的最早的茶器具，称之为"茶缶"

道"的概念，打造了中国茶道的第一块奠基石；

二是陆羽移居湖州，更多地从"形而下"方面研究茶文化，与皎然的悟道互为表里。由于陆羽的建树，唐代茶道在"道"和"器"两方面法相皆具；

三是大历五年（770）唐代宗"命长兴均贡"，置贡茶院于顾渚山；

四是大历年间颜真卿刺使湖州，出现了鼎盛一时的湖州"大历茶风"，将湖州茶文化的气象推向极致。——这是中国茶文化史上最为精彩的一笔。

历史有记载的，唐朝湖州刺史亲至顾渚山监制贡茶的有九人：大历七年（772）颜真卿、建中二年（781）袁高、贞元七年（792）于頔、贞元十六年（800）李词、长庆三年（823）崔元亮、大和九年（835）裴充、开成三年（838）杨汉公、会昌元年（841）张文规、大中四年（850）杜牧，总历时近八十年。

三、湖州茶礼

湖州产茶，也产名茶。在历史的发展进程中，湖州形成了独具特色的茶礼。

（一）婚俗茶礼

湖州传统的婚礼从纳彩、定亲到迎亲，配套有以茶为媒的受茶、吃茶、献茶、敬茶、坐茶的成套婚姻茶礼。女方接收南方的聘金称为"受茶"，迎亲时需要坐在摆满茶点的桌旁称为"坐茶"，长辈馈赠的见面礼被称为"茶包"，待客用"亲家婆茶""新娘子茶"，环环相扣的礼俗，在这个过程中处处体现了湖州地方特色的茶文化。

（二）"三道茶"茶礼

湖州人有用"三道茶"待客的礼仪。

头道甜茶，也称镬籽茶、糯米锅糍、风枵汤。头道茶选用上好的糯米制成，冲泡后放适量糖，口感软糯润滑，故称之为"甜茶"，预示着生活甜蜜。

第二道咸茶，也叫熏豆茶。以熏豆、茶叶为主料，加橙皮、丁香萝卜、芝麻等佐料配成。饮用此茶后要把主料和辅料吃掉，所以也叫"吃茶"。

第三道清茶，选用湖州名茶（莫干山黄芽茶、顾渚紫笋茶、安吉白茶）冲泡，取其鲜爽清新，把湖州人的以茶待客的习俗完美展示。

四、全民饮茶日

2014年4月20日，湖州市人大常委会正式把每年的"谷雨"节气定为湖州市"全民饮茶日"，湖州的"全民饮茶日"以全新的形式彰显湖州茶俗的魅力。

五、湖州茶谷

青豆茶在浙江德清、余杭一带的习俗。其原料有：茶叶、干橙皮、烘青豆、熟芝麻、笋干、胡萝卜丝等，将作料与茶一起冲泡后将茶汤与佐料一起吃下，既带有青豆等作料的咸鲜味又有茶的清香，别有一番风味。

六、湖州陆羽茶文化研究会

湖州陆羽茶文化研究会是以陆羽命名、专业研究茶文化的社会团体。自1991年成立以来，以复兴湖州茶文化、发展湖州茶产业、惠泽饮茶人为己任，深入挖掘茶文化历史积淀，积极保护开发茶文化遗址，大力开展茶文化宣传普及，广泛进行茶文化交流研讨。

七、湖州茶文化名人

（一）陆羽

约733—804年，字鸿渐，唐复州竟陵（今湖北天门）人。后半生在湖州妙西一带居住并精于茶道，其以著世界上第一部茶叶专著《茶经》而闻名于世，因而被后人称为"茶圣"（图4-1-1）。

（二）皎然

俗姓谢，字清昼，湖州长城（今浙江长兴）人，相传是南朝大诗人谢灵运的十世孙。皎然是一位嗜茶的诗僧，不仅知茶、爱茶、识茶趣，更写下了许多饶富韵味的茶诗（图4-1-2）。

（三）释法瑶

南宋僧人释法瑶俗姓杨，山西人。在宋文帝元嘉中期渡过长江，来到现今浙江德清的小山寺。魏晋时期，当佛教在玄学的影响下开始"中国化"的同时，饮茶之风也开始形成气候，于是茶与佛教结下了不解之缘。

（四）石屋清珙

俗姓温，名清珙，字石屋，江苏常熟人（公元1272—1352年）。是元代的一位茶界高僧，为佛教临济宗第十九代传人。其中在湖州霞雾山（今湖州市妙西镇霞幕山）天湖庵三十多年。他"三十年居山，足不入闽，尽忘尘晓，清志坚淡，利不干怀。……逝游峰顶，清逍云外"。（《福源石屋珙禅师语录原序》）。

图4-1-1　陆羽

（五）李季兰

713-784年，原名李治，字季兰，乌程（今浙江湖州吴兴）人，唐代女诗人、女道士，善琴，工于格律，为当时的才女，与茶圣陆羽是挚友。

图4-1-2　皎然

八、湖州茶文化古诗

历代关于湖州茶文化的古诗流传至今有上百首，反映的都是湖州茶文化的发展、茶文化的风俗演变。

（一）湖州贡焙新茶

作者：张文规　年代：唐

凤辇寻春半醉归，仙娥进水御帘开。

牡丹花笑金钿动，传奏吴兴紫笋来。

（二）吴兴三绝

作者：张文规　年代：唐

苹洲须觉池沼俗，苎布直胜罗纨轻。

清风楼下草初出，明月峡中茶始生。

吴兴三绝不可舍，劝子强为吴会行。

（三）寻陆鸿渐不遇

作者：僧皎然　年代：唐

移家虽带郭，野径入桑麻。近种篱边菊，秋来未著花。

扣门无犬吠，欲去问西家。报道山中去，归时每日斜。

（四）与赵莒茶宴

作者：钱起　年代：唐

竹下忘言对紫茶，全胜羽客醉流霞。

尘心洗尽兴难尽，一树蝉声片影斜。

（五）夜闻贾常州、崔湖州茶山境会亭欢宴

作者：白居易　年代：唐

遥闻境会茶山夜，珠翠歌钟俱绕身。

盘下中分两州界，灯前合作一家春。

青娥递舞应争妙，紫笋齐尝各斗新。

自叹花时北窗下，蒲黄酒对病眠人。

（六）题茶山

作者：杜牧　年代：唐

山实东吴秀，茶称瑞草魁。

剖符虽俗吏，修贡亦仙才。

杜牧，唐大中四年、五年（850—851）任湖州刺史。大中五年春，携全家到顾渚督造贡茶，顺便游山玩水。他前后写了多首有关顾渚茶的诗，还留下了摩崖石刻。

（七）将之湖州戏赠莘老

作者：苏轼　年代：宋

余杭自是山水窟，久闻吴兴更清绝。

湖中桔林新著霜，溪上苕花正浮雪。

顾渚茶芽白于齿，梅溪木瓜红胜颊。

吴儿脍缕薄欲飞，未去先说馋诞垂。

亦知谢公到郡久，应怪杜牧寻春迟。

鬓丝只可对禅榻，湖亭不用张水嬉。

苏轼曾先后来过湖州四次，其中第三次是任湖州太守。

（八）湖州竹枝词

作者：张雨　年代：宋

临湖门外吴侬家，郎若闲时来吃茶。

黄土筑墙茅盖屋，门前一树紫荆花。

九、湖州茶文化景点

（一）陆羽墓

湖州市吴兴区妙西镇杼山，1996年清明节重建，墓碑书"唐翁陆羽之墓"，陆羽（733~804），字鸿渐，一名疾，字季疵，复州竟陵人（图4-1-3）。

图4-1-3　陆羽墓

（二）三癸亭

湖州西南13千米处。大历八年，湖州刺史颜真卿于浙江乌程杼山为处士陆羽所建，成于癸丑年、癸卯月、癸亥日，故名三癸亭（图4-1-4）。

图4-1-4　三癸亭

（三）陆羽故居——青塘别业

湖州凤凰公园东侧。茶圣陆羽在湖州的故居是唐大历十年（775年）前后建造。陆羽于804年在湖州逝世，故居青塘别业是世界上第一部茶学专著《茶经》最后成书之地（图4-1-5）。

图4-1-5　陆羽故居

（四）顾渚山大唐贡茶院

大唐贡茶院位于浙江省长兴县顾渚山侧的虎头岩。始建于唐大历五年（770年）。它是督造唐代贡茶顾渚紫笋茶的场所，也可以说是有史可稽的中国历史上首座茶叶加工工场（图4-1-6）。

图4-1-6 顾渚山大唐贡茶院

（五）顾渚摩崖石刻

唐宋以来，历代的文人与官吏在顾渚山一带留下了大量为督造或纪念贡茶的摩崖石刻。这些摩崖石刻不仅见证了顾渚山紫笋茶的辉煌历史，也展示了这一时期高超卓越的书法艺术。顾渚山茶文化摩崖石刻共有三组九处，分布在顾渚山谷的白洋山、五公潭和悬臼岕（图4-1-7）。

图4-1-7 顾渚摩崖石刻

（六）茗溪草堂

唐肃宗大历四年（769年）春，皎然的茗溪草堂落成，第二年邀请陆羽同住，时有高僧名士、故友新知前来与之交游——赏花玩月，赋诗清谈，品泉论茶，交流学识。现茗溪草堂位于湖州山水清音景区内岕（图4-1-8）。

（七）皎然塔

皎然塔，唐诗僧皎然之灵塔，1995年重建。

皎然是中国第一位提出"茶道"一词的人，著有《杼山集》十卷，撰有《诗论》《诗式》，曾与颜真卿、陆羽等唱和往还，圆寂于妙喜寺。陆羽生前要求自己死后葬于皎然塔旁以纪念彼此的缁素忘年之交岕（图4-1-9）。

图4-1-8 茗溪草堂

十、湖州茶画

（一）赵孟頫《斗茶图》

他的一幅人物画《斗茶图》最为关心茶文化的人们所熟悉。此画现由台北故宫博物院收藏。画中画有参与斗茶者四人，左右两拨，每组一主一副，手中各有茶壶、茶盏或手提炭炉之类的用具，地上放着两副茶

图4-1-9 皎然塔

担，形象地表现了当时民间比试各自茶水品位的活动，画中着力描绘斗茶四人的姿态神情。

（二）钱选《卢仝煮茶图》

著名画家钱选为当时"湖州八俊"之一，他画有茶画两幅。一幅是《卢仝煮茶图》，另一幅为《陶学士雪夜煮茶图》。

（三）王蒙《煮茶图》

著名画家王蒙是赵孟頫的外孙，擅长山水、人物画。他的茶画《煮茶图》，今仍存世，画上部有题跋多款。

湖州茶画见图4-1-10。

图4-1-10 湖州茶画

🍃 **拓展阅读：**

湖州陆羽茶文化博物馆

2017年6月14日举行开馆仪式。该博物馆是以陆羽为代表的茶文化圈的杰出人物和《茶经》为布展核心圈，通过收集各种版本的《茶经》，形成在全国乃至世界范围内《茶经》藏品最齐全、品质最经典、范围最广泛的茶文化博物馆，从为其成为全国茶文化学术研究基地与茶文化体验基地奠定了基础。

课后思考：
KEHOU SIKAO

1. 苏东坡的诗中是如何赞美茶的？他将茶比作什么？
2. 寻访湖州茶文化博物馆，拍摄相关照片进行小组交流。

任务二　顾渚紫笋茶

一、顾渚紫笋茶简介

顾渚紫笋茶亦称湖州紫笋茶、长兴紫笋茶，是浙江传统名茶，早在1200多年前已负盛名。由于制茶工艺精湛，茶芽细嫩，色泽带紫，其形如笋，故此得名为紫笋茶。产于浙江省湖州市长兴县水口乡顾渚山一带。

二、历史渊源

陆羽在《茶经》中有"紫者上，绿者次；笋者上，芽者次"的判断。顾渚紫笋茶在唐代便被茶圣陆羽论为"茶中第一"，于大历五年（770年）正式列为贡茶。为了生产贡茶，顾渚山脚建造起了我国历史上第一座皇家茶叶加工厂——贡茶院，每年谷雨前，皇帝诏命湖长两州刺史到顾渚山督造贡茶，限定清明前将贡茶送到长安。故有诗"十日王程路四千，到时须及清明宴"和"牡丹花笑金钿动，传奏吴兴紫笋来"，故又名"急程茶"。

三、品质特征

图4-2-1 紫笋茶

　　紫笋茶为紫化品种,其所含花青素比一般的绿茶多,茶叶特征为白毫显露,一芽一叶,条形散茶,芽叶完整,茶芽大小长短均匀,形如银针,内呈金黄色。顾渚紫笋茶汤色泽鲜亮,汤色橙黄,香气高爽,滋味甘醇。极品紫笋茶叶相抱似笋;上等茶芽挺嫩叶稍长,形似兰花。成品色泽翠绿,银毫明显,香孕兰蕙之清,味甘醇而鲜爽。茶汤清澈明亮,叶底细嫩成朵(图4-2-1)。

　　名茶必有名水相伴。金沙泉位于长兴县西北,紧邻顾渚山麓。《新唐书·地理志》中记载紫笋茶与金沙泉同时入贡。杜牧在任湖州刺史时写有一首《茶山诗》,称"泉嫩黄金涌,芽香紫壁载"。

《进金沙泉表》

　　唐大历五年(770年),顾渚紫笋茶作为贡茶开始进贡。时任湖州刺史的裴清发现用顾渚金沙泉泡茶甚好,于是写了《进金沙泉表》这一奏章。自此,顾渚金沙泉与紫笋茶一起作为贡品,年年向朝廷进贡。

四、采制工艺

每年清明节前至谷雨期间，采摘一芽一叶或一芽二叶初展，其制作程序由摊青、杀青、理条、摊凉、初烘、复烘等工序组成。

五、社会评价

1979年，在浙江省名茶评议会上，顾渚紫笋茶被列为一类名茶；1986年，在全国花茶、乌龙茶优质产品评选会上，顾渚紫笋茶被评为全国名茶。

六、冲泡品鉴

第一步烫杯，以利茶叶色香味的发挥。将外形紧结重实的茶杯烫杯之后，先将合适温度的水冲入杯中，然后取茶投入，不加盖。此时茶叶徐徐下沉，干茶吸收水分，叶片展开，现出芽叶的生叶本色，芽似枪叶如旗。第一泡的茶汤，尚余三分之一，则可续水。此乃二泡。如若茶叶肥壮的茶，二泡茶汤正浓，饮后舌本回甘，齿颊生香，余味无穷。

课后思考：
KEHOU SIKAO

1. 查找顾渚紫笋茶作为唐朝贡茶的相关知识。
2. 以顾渚紫笋茶作为茶叶设计主题茶席。

任务三　莫干黄芽

莫干黄芽品鉴视频

一、莫干黄芽简介

莫干黄芽产于浙江省德清县的莫干山，其条紧纤秀，细似莲心，含嫩黄白毫芽尖，故名。

二、历史渊源

早在晋代佛教盛行时，即有僧侣上莫干结庵种茶。清乾隆《武康县志》载："莫干山有野茶、山茶、地茶，有雨前茶、梅尖，有头茶、二茶，出西北山者为贵。"西北山即为莫干山主峰塔山。清道光《武康县志》载："茶产塔山者尤佳，寺僧种植其上，茶吸云雾，其芳烈十倍。"

"莫干黄芽"前身是南路、后坞等地茶农历史上创制的"莫干山芽茶"。这种茶叶冲泡后汤色黄绿清澈，叶展嫩黄成朵。观之，赏心悦目；闻之，清香醇厚；品之，静心养身，有提神醒脑、滋润心脾之功效，所以，深受人们喜爱。在民国时期，它已成为来莫干山避暑、旅游的国内外名流喜爱的高档礼品。

1979—1981年间，由张堂恒教授主持到莫干山区的碧坞、横岭、福水、梅皋坞等高山茶场进行实地考察，开展新名茶的采制工艺研究。张堂恒教授发现，莫干山区几个高山茶场的鲜叶氨基酸含量高，嫩叶叶色偏黄，制成干茶色泽微黄。如理条时稍加闷黄，干茶色泽呈浅金黄色，香气滋味汤色都类似黄茶。而中国的名茶绝大多数是绿茶类，黄茶类高档名茶仅"蒙顶黄芽""君山银针"两个。张教授决定创制黄茶类高档名茶，定名"莫干黄芽"，鲜叶采摘标准为一茶一叶初展。

三、品质特征

图4-3-1 莫干黄芽

莫干黄芽（黄茶）所制成品，芽叶完整，外形细紧略曲，嫩黄显毫；汤色嫩黄明亮；香气清甜；滋味甘醇；叶底嫩匀、嫩黄明亮。莫干黄芽（绿茶）细紧绿润、显毫；汤色嫩绿明亮；香气嫩香持久；滋味鲜爽甘醇；叶底嫩匀、绿明亮（图4-3-1）。

四、采制工艺

莫干黄芽（绿茶）采用德清县产地规定范围内的茶树嫩梢，经鲜叶摊青、杀青、揉捻、初烘、做形、足干、干茶整理的绿茶工艺加工而成。

莫干黄芽采摘要求严格，清明前后所采称"芽茶"，夏初所采称"梅尖"，七八月所采称"秋白"，十月所采称"小春"。春茶又有芽茶、毛尖、明前及雨前之分。经传统工序所制成品，芽叶完整，净度良好，外形紧细成条似莲心，芽叶肥壮显茸毫，色泽黄嫩油润，汤色橙黄明亮，香气清鲜，滋味醇爽。

五、社会评价

莫干黄芽在清代初期已负盛名，民国时期产制中断，1979年恢复生产。莫干黄芽是浙江的主要名茶之一。"山间竹里人家，细香嫩蕊黄牙。莫干清凉世界，竹荫十里卖茶。"三十多年来，莫干黄芽茶以它的优良品质，在上海、江苏等地一直享有崇高声誉，至今仍与"西湖龙井""碧螺春""安吉白茶"等高档名茶一起，成为长三角地区消费者首选的四大礼品茶。尤其在2010年上海世博会上，黄茶类"莫干黄芽"入选我国六大茶类中黄茶类代表名茶，作为礼品茶赠送国内外贵宾。

1979~1981年，德清县莫干黄芽茶样连续获浙江省农业厅"一类名茶"奖。

1982年，莫干黄芽由浙江省农业厅公布为浙江省首批"省级名茶"。

2010年，莫干黄芽获得国家工商行政管理总局"莫干黄芽"证明商标注册证书。

2017年12月22日，原中华人民共和国农业部正式批准对莫干黄芽实施农产品地理标志登记保护。

六、冲泡品鉴

水：沸水冷却至摄氏90~95度。

器皿：盖碗、品茗杯

冲泡程序：

（1）备器。

（2）赏茶：莫干黄芽经过揉捻、嫩黄工序，干茶呈现黄褐色、形状为卷曲状。

（3）温杯烫盏。

（4）置茶：150毫升盖碗，置茶3~5克。

（5）温润泡：沿杯壁注水，水盖住茶叶即可，因经过闷黄这道比较难把握的工艺程序，需要适当醒茶，因茶叶细嫩，莫干黄芽产地生态环境优良，故不建议洗茶。

（6）冲泡：沿杯壁注水，动作轻缓。

（7）出汤：冲泡后5~10秒出汤，后根据水温变化适当延长出汤时间，可以冲泡5~6次。

（8）闻香品茶：黄茶茶性温和，口感较绿茶醇厚，利于调理肠胃。冲泡后可以观赏到黄汤黄叶的特征，有淡淡的甜玉米香。闷黄程序比较重的可以喝出熟玉米香。莫干黄牙富含氨基丁酸元素，比较有利于减压。

课后思考：

KEHOU SIKAO

1.撰写莫干黄芽茶艺表演解说词。

安吉白茶品鉴视频

任务四　安吉白茶

一、安吉白茶简介

安吉白茶分布于浙江省湖州市安吉县，是中国六大茶类之一的绿茶，因其加工原料采自一种嫩叶全为白色的茶树而得名。安吉白茶归类为绿茶，颜色其实也为略透明的淡绿色，因芽叶上有一层细细的白绒毛而得名。

二、历史渊源

安吉最早于1930年在孝丰镇的马铃冈发现野生白茶树数十棵，"枝头所抽之嫩叶色白如玉，焙后微黄，为当地金光寺庙产"（《安吉县志》），后不知所终。安吉白茶树为茶树的变种，极为稀有。春季发出的嫩叶纯白，在"春老"时变为白绿相间的花叶，至夏才呈全绿色。

1982年，在天荒坪镇大溪村横坑坞800米的高山上又发现一株百年以上的白茶树，嫩叶纯白，仅主脉呈微绿色，很少结籽。由当时安吉县林科所的技术人员剪取插穗繁育成功，至1996年已发展到1000亩，后推广种植成功。

三、品质特征

安吉白茶外形挺直略扁，形如兰蕙；干茶色泽翠绿，白毫显露；安吉白茶富含人体所需多种氨基酸，其氨基酸含量在5%~10.6%，高于普通绿茶，而多酚类物质少于其他的绿茶，所以安吉白茶滋味特别鲜爽，少苦涩味。

安吉白茶分四个等级：精品，特级，一级，二级。

四、采制工艺

采摘安吉白茶应分批多次早采、嫩采、勤采、净采。明前茶要求一芽一叶，要求芽叶成朵、大小均匀，留柄要短，轻采轻放，竹篓盛装，竹筐贮运，折叠摊放，折叠杀青，折叠理条，折叠烘干。

　　安吉白茶茶叶一般按加工制作工艺不同分为"凤形"和"龙形"两种。"凤形"白茶条直显芽，壮实匀整，色嫩绿。"龙形"白茶扁平光滑，挺直，嫩绿显玉色。两者中高品级者芽长于叶，精品安吉白茶干茶色泽金黄隐翠。

　　"凤形"安吉白茶是烘青绿茶，"龙形"安吉白茶（即安吉白龙井）则是炒青绿茶。"凤形"安吉白茶加工流程为摊青→杀青→理条→搓条初烘→摊凉→焙干→整理。"龙形"安吉白茶加工流程为摊青→青锅→摊凉回潮→辉锅。

五、社会评价

　　据中华人民共和国农业农村部专家检测，白茶的氨基酸含量特别高，茶多酚含量相对偏低，是绿茶一绝，曾先后在第二届、第三届国际名茶博览会上获得金奖。

　　2004年4月，原国家质检总局正式批准"安吉白茶"为原产地域保护产品（即地理标志保护产品）。

　　2019年11月15日，安吉白茶入选"中国农业品牌目录"。

　　2019年12月23日，安吉白茶入选"中国农产品百强标志性品牌"。

　　2020年7月20日，安吉白茶入选中欧地理标志首批保护清单。

六、冲泡品鉴

　　冲泡用具：玻璃杯（特级安吉白茶）。

　　（1）赏茶：安吉白茶外形细秀，形如凤羽，色如玉霜，光亮润泽。

　　（2）温杯：为了洁净杯具，同时除却杯中的冷气，提高杯身的温度，所以在正式冲泡之前，要将杯具烫洗一遍。

　　（3）投茶：玻璃杯容量150~200毫升，投茶量约3克。

　　（4）润茶：为了更好地体现出茶叶的各种品质特征，在冲泡之前要润茶，使茶叶初步吸收水分，让茶叶初步展开。这道程序也叫作醒茶，意思是把沉睡的茶叶唤醒。

（5）摇香：顾名思义，摇香是通过摇动杯中的水来加速茶叶对水分的吸收，这样能更好地体现出茶叶的香味。

（6）冲泡：用"凤凰三点头"的手法冲茶，这样可以利用水的冲力使茶叶在杯中上下翻滚，加速茶叶中有效物质的浸出。"凤凰三点头"也寓意着凤凰向客人三鞠躬，以示对客人的尊敬。

（7）奉茶：用茶盘将刚沏好的安吉白茶奉送到来宾面前，安吉白茶的汤色鹅黄，清澈明亮，叶张玉白，经脉翠绿，因为安吉白茶的氨基酸含量是一般绿茶的2倍，茶多酚的含量是一般绿茶的1/2，所以它的香气鲜爽馥郁，滋味鲜美甘醇。

（8）品茶：品饮安吉白茶先闻香，再观汤色和杯中上下浮动玉白透明形似兰花的芽叶，然后小口品饮，茶味鲜爽，回味甘甜，口齿留香。

（9）观叶底：安吉白茶与其他茶不同，除其滋味鲜醇、香气清雅外，叶张的透明和茎脉的翠绿是其独有的特征。观叶底可以看到冲泡后的茶叶在漂盘中的优美姿态，且叶底呈玉白色。

（10）收具：客人品茶后离去，及时收具，并向来宾致意送别。

课后思考：
KEHOU SIKAO

1.了解目前安吉白茶的著名品牌。

2.练习并掌握安吉白茶的冲泡程序。

特别鸣谢：湖州安吉香茗丽舍酒店